消防安全知识

张际松　编著

海豚出版社
DOLPHIN BOOKS
CICG　中国国际传播集团

图书在版编目（CIP）数据

消防安全知识 / 张际松编著 . –– 北京 : 海豚出版
社 , 2022.7
ISBN 978-7-5110-5971-0

Ⅰ . ①消… Ⅱ . ①张… Ⅲ . ①消防—安全教育—青少
年读物 Ⅳ . ① TU998.1-49

中国版本图书馆 CIP 数据核字（2022）第 082558 号

消防安全知识
张际松　编著

出 版 人	王　磊	
责任编辑	张　镛	
封面设计	何洁薇	
责任印制	于浩杰　蔡　丽	
法律顾问	中咨律师事务所　殷斌律师	
出　　版	海豚出版社	
地　　址	北京市西城区百万庄大街 24 号	
邮　　编	100037	
电　　话	010-68325006（销售）　010-68996147（总编室）	
印　　刷	北京市兆成印刷有限责任公司	
经　　销	新华书店及网络书店	
开　　本	710mm×1000mm　1/16	
印　　张	9.5	
字　　数	75 千字	
印　　数	5000	
版　　次	2022 年 7 月第 1 版　2022 年 7 月第 1 次印刷	
标准书号	ISBN 978-7-5110-5971-0	
定　　价	39.80 元	

前　言

　　随着社会的发展，我们的生活水平越来越高，各式各样的家用电器已经成为家家户户的必备物品了。它们在带给我们方便的同时，也带来了很多安全隐患，有可能对人们的生命财产造成严重的危害。

　　《朱子家训》中有"宜未雨而绸缪，毋临渴而掘井"的训诫，意思是要趁着天上还没有下雨，先修葺房屋和门窗；不要等到口渴的时候才想起来挖井。这句话给我们的启示是要事先做好准备工作，预防意外的发生，这样才能在意外真正来临之时不至于手忙脚乱。

　　中小学生是祖国的未来，同学们应该了解学习一定的消防安全知识。只有自己学会逃生和自救的方法，在面对突发事件时才能从容应对。

　　消防安全教育是生命安全的教育，不能仅靠学校、老师和家长的教育，同学们也要自觉地去学习相关消防知识，树立自救自护的观念，形成自救的意识，学会逃生、自救的知识，掌握自救和救助他人的技能。

　　有些家长出于对孩子的关心和保护，不忍心让他们面对和了解消防事故带来的严重后果，只是简单地告诫孩子要注意消防安全，导致孩子对于火灾危害、化学品泄漏等消防事故的危害没有明确的认识，对于消防安全不够重视。当突发事件发生时，孩子没有能力保护自己，就有可能受伤甚至失去宝贵的生命。

有效的预防和教育可以避免约 80% 的中小学生受到意外伤害，因此消防安全教育非常重要。为了提高中小学生的消防安全意识，增强中小学生自救自护能力，我们编写了这本《消防安全知识》。本书从消防安全小常识、家庭消防知识、校园消防知识、公共场所消防知识、消防报警和灭火知识、消防事故现场逃生知识等六个方面，向中小学生介绍消防安全的重要性以及相关知识，目的是让中小学生通过生动的案例、通俗易懂的语言，掌握消防安全知识及自救的方法。

消防安全教育任重而道远，希望广大中小学生通过阅读这本《消防安全知识》，学习和掌握消防安全知识，自觉遵守消防安全法规，承担起消防安全的责任和义务，健康茁壮成长！

编者

2021 年 4 月

目　录

第一章 消防安全小常识

- 消防必懂：火灾和其他消防安全
- 发生火灾的原因
- 火灾的四个发展时期
- 火灾浓烟对人身体的危害
- 其他消防安全小常识

一 消防必懂：火灾和其他消防安全

故事导读

最近学校开展了消防安全知识竞赛，同学们好好学习了一次消防安全知识。

小华作为班级代表参加了这次知识竞赛，为了能在竞赛中取得好成绩，为班级争光，他每天都要花上两个小时学习消防安全知识。

因此，他的消防安全知识量与日俱增。他第一次知道，原来消防安全并不仅仅是指用火安全，还包含用电安全、化学品安全等。借着这次知识竞赛，他已经成为班级里的消防安全"专家"了。同学们有什么不懂的都来问他，他也非常愿意给大家解答，潜移默化中，同学们的消防安全意识也越来越强。

你知道吗

同学们，说到消防安全，你最先想到的是什么呢？

　　大多数人首先想到的就是与用火相关的火灾。在各种灾害中，火灾是威胁人们生命和财产安全的主要灾害之一。根据可燃物的类型和不同的燃烧特性，可以将火灾分为 A、B、C、D、E、F 六大类。

　　A 类火灾是指固体物质火灾，比如木头、煤炭、棉花、麻、纸张等物质燃烧引起的火灾。

　　B 类火灾是指液体或者可熔化的固体物质火灾，比如煤油、柴油、甲醇、乙醇、沥青、石蜡、塑料等物质燃烧引起的火灾。

　　C 类火灾是指气体火灾，比如天然气、煤气、氢气、甲烷等气体燃烧引起的火灾。

　　D 类火灾是指金属火灾，比如钾、钠、镁、钛、锂、铝镁合金等金属燃烧引起的火灾。

　　E 类火灾是指带电火灾，主要是物体带电燃烧引起的火灾。

　　F 类火灾是指烹饪器具中的烹饪物燃烧引起的火灾，比如动植物油脂引发的火灾。

　　除了上述与火灾相关的消防安全，我们还应当注意与用电相关的消防安全。现在家家户户都有电器，对于电的使用已经越来越普遍。但也正因为用电很常见，所以生活中我们稍不小心就有可能触及电源，因

电路故障而触电。每个不小心和疏忽都会成为威胁我们生命的利刃，因此我们中小学生要学会在紧急情况下切断总电源、不用手触碰电源插座底部、不用湿手摸电器、电器使用完毕立即拔掉插头等用电安全知识，养成良好的用电习惯。

　　消防安全是事关每个人生命安全的大事，我们一定要给予高度重视，增强自己的消防安全意识，学习消防安全知识，提高自救能力。

 **知识延伸**

　　消防安全是人们生命安全的保障，这里给大家整理了几条消防安全的小常识，希望同学们可以通过这些知识对消防安全有一个更深的了解。

　　1. 平时生活多注意，消防隐患及时清

　　当我们发现家中有未熄灭的烟头或者家人躺在床上吸烟，一定要及时熄灭或制止；发现电线老化、电线超负荷运行的情况，要提醒家人及时更换维修；不随便玩火，不随便玩弄电气设备；在规定的时间和区域燃放烟花爆竹；不将点燃的蚊香靠近床边和窗沿。

　　2. 遇到火灾不要乱，冷静逃离保安全

　　遇到火灾时，一定要保持冷静，不要慌乱，要大声呼喊告知周围的人，并迅速报警；有序撤离火场附近，不要乘坐电梯，尽量用湿毛巾捂住口鼻，低姿态移动逃生，不要推搡拥挤。

　　3. 盲目逃生不可行，等待救援才能赢

　　当我们发现自己被火灾困住、没有退路的时候，千万不要盲目跳楼，可以利用楼梯、阳台逃生。如果没有可用的工具，除想办法在第一时间报警外，尽量等待救援。

二 发生火灾的原因

故事导读

在课上，老师给同学们播放了一些近几年频频出现的火灾新闻，里面的数据和画面触目惊心，让人目不忍睹。

放学后，灵灵回到家，有些疑惑地找到妈妈："妈妈，为什么会发生那么多的火灾啊？"

妈妈问："你为什么会这么问？"

灵灵把今天课上老师播放的火灾新闻说了一遍。

听了灵灵的话，妈妈解释说："引起火灾的原因有很多，比如爸爸抽烟，不小心使烟头掉到报纸上了，又或者妈妈炒菜油锅里的油放得太多了，再或者你偷偷玩火等，都会引起火灾。"

灵灵噘着嘴反驳："我才不会偷偷玩火！"

"哈哈，我知道，我们灵灵最乖啦！"

你知道吗

同学们，我们生活中最容易发生的灾害就是火灾了。每次火灾的发生都有各种各样的原因，下面带大家看一看具体有哪些。

第一种，电气火灾。这类火灾通常是因为电器的安装违反了安全规定，或者是因为电路老化、多个大功率电器同时工作导致电线超负荷运行引起火灾。

第二种，违规操作引起的火灾。这类火灾通常会在人们不按照安全规定进行操作时发生，比如焊接、重组

不能玩火

改造等。

第三种，人为纵火。有些人可能会由于各种心理问题、仇恨、报复等原因进行放火。

第四种，吸烟。因为乱扔烟头或者在床上吸烟等行为引发火灾。

第五种，玩火。小朋友可能因为好奇等原因玩火柴、打火机等，从而引发火灾。

第六种，自然原因。当遇到森林遭受雷击、火山爆发、可燃物自燃等情况时，很有可能引起火灾。

我们通过了解和学习引起火灾的原因，在日常生活中发现可能引发火灾的隐患时，可以提醒家人，以避免火灾的发生。

🔥 知识延伸

为了让同学们在遇到火灾的第一时间不至于手忙脚乱，这里特地为大家总结了"三要""三不"和"三救"，希望同学们可以牢记。

"三要"：一要熟悉自己所在的周边环境，二要遇事保持冷静，三要小心毒烟危害健康。当我们来到一个新的环境，要尽快熟悉周围的安全通道和消防设备等，方便突发意外时安全撤离。遇到突发事件时，我们要尽量保持冷静，听从指挥，不要盲目乱跑乱叫。另外，要注意用湿毛巾捂住口鼻，贴墙前进，减少毒烟伤害。

"三不"：一不贪恋财物，二不轻易选择跳楼逃生，三不乘电梯逃生。在火灾发生时，已经安全撤离之后千万不要为了财物再跑回火场。当无路可退时不要轻易选择跳楼，可以退回房间等待救援。逃生时不可乘电梯，避免被困在电梯内。

"三救"：一选择疏散通道自救，二选择床单结绳自救，三向外界求救。火灾刚发生时，我们可以通过逃生通道迅速撤离。如果没能安全撤离，可退回到房间内，来到阳台，利用绳子爬到邻居家中。或者通过向窗外呼喊、招手、打亮手电筒等方式引起别人的注意，向外界求救。

三 火灾的四个发展时期

故事导读

瑞瑞放假在家里看了一部关于火灾的纪录片，在看之前，他就有些疑惑，火灾到底是如何由那么一个小小的起火点引发那么大的火灾的？

随着纪录片中人员的慢慢讲解，瑞瑞开始逐渐明白了。

原来火势的燃烧会消耗室内的氧气，随着室内氧气的减少，人们就会渐渐因为缺氧窒息而死亡。

看着纪录片中的各种画面，瑞瑞感受到了火灾的可怕。

然而这还只是开始，火灾的发展要经历四个阶段，最终才会熄灭。在这个过程中，人们惊慌失措、四处逃窜，尖叫声、碰撞声混杂在一起，给瑞瑞留下了深刻的印象。

你知道吗

同学们，我们面对生活中突如其来的火灾，或许会觉得火势一开始就十分迅猛，其实不然。在这短短的时间内，火灾会经历四个发展时期，分别是火灾初起期、成长期、最盛期和衰减期。

1. 火灾的初起期

在这个时期，火灾会因为室内燃烧消耗了大量氧气而有所减弱，这段时间的长短，会因建筑物的结构和空间大小不同而变化。这段时间是灭火的最佳时间，可以趁着火势较小，将火扑灭。如果在初起期没有将火扑灭，门窗上的玻璃或者其他薄弱部分可能会被破坏，使得大量新鲜空气进入室内，进而让火势进一步扩大。

2. 火灾的成长期

室外的新鲜空气涌入，使火焰燃烧加剧，室内温度逐渐上升。当火势达到一定程度之后，会形成大片的火海，致使人们难以生存。由此我们不难判断出，火灾成长期的长短对于人们逃生避难的时间有很重要的影响，甚至可以说起着决定性的作用。

3.火灾的最盛期

当火势开始出现闪烁，这个时候火灾是最猛烈的，持续燃烧的高温可以达到 600~800℃。火灾最盛期的长短、温度高低与建筑物的耐火程度有很大的关系。

1.火灾的初起期

2.火灾的成长期

3.火灾的最盛期

4.火灾的衰减期

4.火灾的衰减期

随着可燃物的减少和火势的衰退，室内的温度会逐渐下降，烟雾也会随风消散，只剩下一些物品焚烧过后的残渣还在继续小规模燃烧，随着时间的推移，火灾逐渐平息。

通过了解火灾的四个发展阶段，在遇到火灾时，我们可以更好地利用时间，争取在火灾的初起阶段就将火扑灭。

知识延伸

在学习了火灾的四个发展阶段之后，我们应该如何利用这四个阶段顺利逃生呢？

1.在火灾发生之初，火势发展缓慢，热辐射强度也不高，如果发现及时，我们可以利用较少的人和灭火器将火熄灭，同时抓紧时间报警，争取将火灾消灭在初起阶段。

2.当火灾已经开始向成长期发展时，我们要尽快撤离逃生。如果发现楼梯已经着火，那么可以将棉被弄湿，披在身上，冲出火场。如果火势太大，我们可以选择退回到房间内，利用阳台或卫生间避难。

3.当火灾已经进入最盛期，我们仍然没有逃出去，那么我们要用水将身上的衣服打湿，并用湿毛巾捂住口鼻。

4.如果到阳台躲避，我们可以利用竹竿、长绳等，转移到邻近的楼层或者窗台逃生。

四 火灾浓烟对人身体的危害

故事导读

"啊，好大的黑烟啊！"夏夏看着窗外不远处的一栋大楼上冒出滚滚的黑烟，一股刺鼻的气味随风而来，呛得她直咳嗽。

姐姐走过来，赶忙关上窗户："那个大楼着火了，这么大的烟，你还敢开窗户？"

"有烟怎么了，不就是有点呛人嘛，小题大做。"夏夏不以为意。

"我这哪里是小题大做，分明是你的消防意识不足啊！"姐姐用手指点点她的小脑袋，继续说，"浓烟对人的身体十分有害，严重时还会使人窒息或者中毒死亡呢！"

"啊？"夏夏吓了一跳，本来还觉得没什么事，但是听姐姐一讲，她突然觉得自己有点呼吸困难。

"姐姐，我是不是中毒了？我感觉自己现在就有点喘不上气来了。"

姐姐微笑着拍了拍她的肩膀："少量的吸入是没事的，你少吃点，或者把领子的第一颗扣子松开就好了。"

夏夏反应过来，姐姐这是在调侃她胖。

你知道吗

同学们，大家都知道火灾的发生会直接造成人身伤亡和财产损失，钱财没了还可以再赚，但是生命要是没了，那一切就都没有了意义。在火灾中造成人员伤亡最严重的除了烧伤之外，浓烟也算是其中一项了。

火灾中燃烧产生的浓烟对人的身体有很严重的伤害。在火灾中吸入浓烟很有可能会致人死亡，因为浓烟中含有大量对人体危害极大的一氧化碳。

空气中一氧化碳的浓度达到 1.3% 左右时，人们吸上两三口之后就会失去知觉，如果呼吸持续 13 分钟就会导致死亡。一般情况下，当火灾现场建筑材料燃烧时，一氧化碳的含量会达到 2.5%。尼龙、聚氯乙烯、羊毛、丝绸等纤维制品的燃烧甚至可能产生剧毒气体，对人的伤害更大。

浓烟不仅会损害人们的呼吸系统，还会使人们发生严重的并发症，如常见的肺部感染和急性呼吸功能不全

综合征等。在浓烟弥漫的火灾现场，人们的逃生路线也会因此受到严重影响，从而导致人们难以辨别逃生方向，增加死亡率。

因此，我们要注意防范火灾中的浓烟伤害，学会运用学到的消防安全知识保护自己：在火灾中尽量用湿毛巾捂住口鼻，弯腰低姿态前行，必要时可以采取爬行的方式，将头部尽可能贴近地面。在逃生过程中不要交谈，避免吸入浓烟，受到伤害。

🔥 知识延伸

　　既然我们已经知道了浓烟对人体产生的伤害，那么我们在火灾中如果已经吸进浓烟该怎么清除呢？

　　1. 如果我们被火灾中的浓烟呛得很严重，应当在逃离火灾现场后，第一时间去医院就诊，避免延误病情而导致生命受到威胁。

　　2. 如果我们吸入的浓烟并不多，在逃离火灾现场后，要及时到空气新鲜的地方去，多喝一些水，清洗一下自己的手和脸，保持呼吸顺畅。

　　3. 可以在医生的建议下，吃一些清肺、润肺的药物，帮助身体尽快将这些浓烟废气排除，早日恢复健康。

　　4. 在饮食上，多吃一些清肺排毒的食物，比如黑木耳、百合、鸭血、胡萝卜等。另外，也要多吃一些新鲜的水果加速代谢。

五 其他消防安全小常识

故事导读

鹏鹏的邻居叔叔经常早出晚归，有一次他看到邻居叔叔的眉毛都没有了，样子十分怪异，便有点怕他。

后来鹏鹏才知道，原来邻居叔叔是一名消防员，眉毛也是在一次抢救火灾时烧没的。这下子邻居叔叔成了他最崇拜的人。

"叔叔，消防工作只有灭火的时候才需要吗？"鹏鹏好奇地问。

"当然不是啦，消防安全不仅仅包括用火安全，还包括用电安全、医疗卫生安全、危险化学品安全等。"邻居叔叔笑着给他解释。

"哇，这么厉害，那我长大了也要和叔叔一样，当一名伟大的消防员！"

"哈哈哈，好啊，叔叔相信你一定可以的！"

你知道吗

同学们，我们一般说起消防安全，大家的第一反应都是与用火相关的内容。其实消防安全不仅仅有用火的安全问题，还包括用电的安全问题、危险化学品泄漏的安全问题、医疗卫生的安全问题、易燃易爆物品的安全问题等。

第一，用电的安全问题。用电安全这里主要讲两个应该注意的问题。一是关于电器使用的问题。不同电器的使用方法和用途都不一样，操作不当就容易引发消防事故。我们需要在家长的指导下学会正确使用电器，对于危险性较大的，一定不要自己独自使用。二是电线短路问题。这类问题常会引发火灾或者触电等事故。当我们对有关电的知识了解不多时，遇到事故应当及早叫大人来处理。

第二，危险化学品泄漏的安全问题。危险化学品是指具有毒害、腐蚀、爆炸、燃烧、助燃等性质，且对人体、设施、环境具有危害的剧毒化学品和其他化学品。一旦这些危险化学品泄漏，就会对我们的人身和环境造成巨大伤害。如果我们遇到危险化学品泄漏，一定要尽快离开事故现场，不要围观、逗留，并及时拨打火警电话。

第三，医疗卫生的安全问题。医院常会有一些废弃的医疗垃圾，这些医疗垃圾通常会被专业处理，如果处理不当，就会引起突发性的污染事故。如果我们遇到这种医疗垃圾污染的消防事故，要尽快撤离，捂住口鼻，保护好自身安全。

第四，易燃易爆物品的安全问题。我们生活中有很多易燃易爆的物品，常见的有煤气罐、手机电池、打火机、微波炉、酒精、鞭炮、汽油等，稍不留意就会发生意外的消防事故，使人受伤甚至死亡。我们一定要尽量远离这些易燃易爆物品，时刻谨防这些物品发生爆炸、燃烧引起火灾等意外。

知识延伸

同学们，我们在对其他消防安全有了大概的了解之后，那么想一想我们可能在哪些常见的场所遇到这些消防事故呢？

用电引起的消防事故一般会出现在家、学校的教室、微机房等场所。

危险化学品泄漏引起的消防事故一般会出现在各类实验室、化工厂的周边等场所。

医疗垃圾引起的消防事故一般会出现在医院、卫生所等场所。

易燃易爆物品引起的消防事故一般会出现在家、公交车、校园、实验室等场所。

因此，当我们靠近这些地点的时候，要格外注意，小心突发性的消防事故。

第二章 家庭消防知识

- 家庭火灾的隐患及特点
- 照明灯具背后不为人知的秘密
- 家务小能手也要安全使用吸尘器
- 有异味？那是火灾给你的"预警"
- 我只是个阳台，不是仓库
- 电脑着火了怎么办
- "加班"的电视机容易"发火"

一 家庭火灾的隐患及特点

故事导读

"唉，真是太难了。"妈妈一边叹气，一边和爸爸走进家中。

彤彤好奇地问："妈妈，怎么了？"

"你外公那边的居民楼有一户人家发生了火灾。火势太大，没能及时控制，使得周边几个邻居家也遭了殃。"

"天啊，这也太可怕了。"彤彤有些怕怕的，"是因为什么着火的呀？我们家一定要注意，可千万不能像他们一样。"

爸爸说："是因为家里用了太多电器，超过了用电负荷，致使老化的插座自燃，所以我们每次用完电器一定要记得拔掉插头，还要避免使用老化的插座、插头。"

"嗯，好的，爸爸，我一定不会忘！"

你知道吗

同学们，随着我们生活水平的不断提高，家庭经济条件也有了很大的改善，各种高科技的家用电器也越来越多地进入各家各户，为我们所用。家用电器的增多，导致家庭用电增加，安全隐患增多。主要表现为家庭火灾的增多。

家庭中引起火灾的原因有很多，主要是人为原因引起的火灾和使用电器引起的火灾。

1.人为原因引起的火灾

第一，家庭生活用火不当导致的火灾。在家庭中没有按照要求使用火，比如点燃后的蜡烛因粗心大意忘记熄灭，或者点燃后的蚊香过于靠近可燃物等。

第二，家庭厨房用火不慎导致的火灾。比如炒菜过程中油锅过热起火。

第三，吸烟导致的火灾。乱扔烟头或烟还没有熄灭就入睡，很容易引起火灾。

第四，儿童玩火造成的火灾。出于好奇，有些孩子会偷偷玩火柴、打火机等，稍有不慎就会引起火灾，酿成悲剧。

2. 使用电器引起的火灾

使用电器引起的火灾大多是由于家中电线老化、短路或者超过负荷，再或者是选择了不符合安全标准的电器设备。这些都会导致家庭火灾的发生，因此我们一定要格外注意。

家庭火灾一般具有燃烧猛烈、火势蔓延迅速、容易形成大面积燃烧的特点，扑救十分困难，不仅会造成财物的损失，也会造成人员伤亡。

我们在家庭生活中要时刻注意保证自己的安全，当发现家庭中有火灾隐患，一定要及时提醒爸爸妈妈，和爸爸妈妈一起消除火灾隐患。

知识延伸

家庭火灾会造成很严重的后果，那么我们中小学生能为家庭防火做些什么呢？

一是从自身做起，不要随意玩弄电器设备，更不要玩火。因为一旦着火，火势就可能不受控制，我们对于灭火的知识又一知半解，没有办法迅速灭火，从而使小火酿成大火，发生事故。

二是提醒家中的大人，不要乱丢烟头，更不要在床上吸烟，因为一不小心，烟头碰到可燃物就容易引发火灾。

三是在家中的厨房附近尽量减少放置可燃易燃物品，避免做饭时引起火灾。

四是在使用电热器具时，一定要注意安全，时常提醒家长检查电线是否出现老化、短路等现象，不要让电线超负荷工作。

五是在我们离开家或者睡觉前，一定要检查用电设备是否已经断电，燃气的阀门是否已经关闭等。

另外，家中应配备灭火器，以备不时之需。

家庭防火是我们每个家庭成员的责任，千万要避免因为一时的粗心大意，导致不幸的发生。让我们一起守护我们温馨的家吧！

二 照明灯具背后不为人知的秘密

故事导读

这天晚上，潇潇和爸爸妈妈一起在街上遛弯儿，五颜六色的霓虹灯和湖面交相辉映，一片热闹的繁华景象。

"好美呀！"潇潇不由得赞叹道，"这么多漂亮的灯，要是能都搬回家里就好了！"

爸爸有些无奈："这么多灯怎么能都往家里拿呢？虽然这些灯都是常用的灯具，但还是有一定的危险性的，稍有不慎就可能会导致火灾！"

"啊？这是真的吗？"潇潇不敢相信，"那我们家里的灯也有危险吗？"

"当然啦，如果使用不当就会引起火灾的！"

你知道吗

同学们，照明灯是我们生活中必不可少的电器，我们在晚上需要依靠它照亮房间。如果没有它，我们做什么都不方便。照明灯虽然造福了人类，但是它背后也有一些小秘密，如果我们使用不当，也会给我们带来很大危害。

要知道，不管是我们常用的白炽灯、日光灯、高压汞灯，还是霓虹灯、节能灯等，这些灯具在工作时表面都会发热，并且功率越大、连续使用的时间越长，温度就会越高。现在的灯具注重时尚性和美观性，通常会在灯泡周围添加很多装饰品，当这些灯具长时间工作并且灯泡距离装饰品过近时，就会因散热不佳而积聚太多热量引起火灾。

高温容易使灯具外部易燃物燃烧

为了家庭安全，选择合适并且质量过硬的灯具是非常必要的。如果灯具的质量不合格，或者缺乏维护，也是会引起火灾的。

在家庭生活中，我们要提醒家人选择合适的灯具，并按照规定安装。当发现灯具安装线路不符合要求或者出现异常情况时，要及时提醒家人更换。

我们也要注意不长时间使用照明灯，尤其是不能让照明灯持续几天甚至几周工作。同时我们还要提醒家长，不要用纸、布或者其他易燃物遮挡灯具。

家庭防火不是一个人的任务，我们作为家庭的一分子也要尽一份力量。应将我们所学到的防火知识运用到生活中去，以保护我们的家庭安全。

🔥 知识延伸

白炽灯防火安全措施：

第一，白炽灯的灯泡要尽量安装在安全稳定的环境内，要尽量远离易燃物，保持一定的安全防火距离。

第二，严禁用纸、布或者其他易燃物遮挡灯具，不可以用灯泡取暖或者烘烤衣物等。

第三，最好不要将灯泡挂靠在木质家具、门框或者硬纸板上面。使用台灯时，要尽量和窗帘、蚊帐、书本

等易燃物保持一定距离，避免发生火灾的可能。

第四，白炽灯的供电电压不能超过其额定的电压，在灯泡正在工作时，不要用湿手或者湿布对其进行擦拭，以免灯泡受到冷刺激发生爆炸。另外，当发现灯头连接处发生松动时，不要用手强行扭动灯泡。

第五，白炽灯使用时间不宜太长，连续几个小时开启，就需要关闭一段时间，让其适当冷却散热。当人员外出时，一定要记得关灯。

三 家务小能手也要安全使用吸尘器

故事导读

月月是个非常热爱劳动的孩子，是家里的家务小能手，她经常帮助爸爸妈妈做家务。

这天，妈妈做饭的时候不小心将面粉碰撒了，白花花的面粉撒了一地。

月月赶快拿了吸尘器过来，打开了吸尘器。

妈妈拿着笤帚过来，大惊失色："月月，快停下！"

月月不明所以地转过头："怎么了？"

顿时一股焦味传来，月月一低头发现吸尘器已经开始冒烟了，吓得她赶忙关上吸尘器。妈妈顺手拔掉了插头。

"妈妈，怎么会这样？"

"吸尘器是不能用来吸粉尘的，会爆炸的。"妈妈给她讲了吸尘器的安全使用知识。

听完妈妈的话，月月点点头："原来是这样啊，那我以后做家务时一定要注意。"

你知道吗

目前吸尘器已经是较为常见的家用电器之一了，在众多的家用电器中，算是比较安全的一种。但是使用吸尘器时也要规范操作，如果操作错误，也有可能引发火灾。

当我们发现以下几种情况时，就说明吸尘器马上要"罢工"了：

第一，当吸尘器桶身的塑料外壳有明显的发热现象，这就说明吸尘器的使用时间太长了，需要停止一段时间，让它"休息"一下，然后再继续使用。

第二，在潮湿的环境里使用吸尘器，吸尘器工作不顺畅，很有可能是吸尘器的电动机受潮引发了短路，这样再用下去就可能起火。

第三，吸尘器的功率变小，不管是进风口还是出风口的风力明显减弱，这就有可能是过滤器需要清理了，如果继续用下去，可能会使电动机过热而发生火灾。

第四，吸尘器的电动机冒烟。这时候同学们无须惊慌，只需要拔掉电源线，然后拆下进风的软管，再将吸尘器放到阳台、过道等没有易燃物的地方就行了。

我们在使用吸尘器时注意以上几种情况，就能有效

地避免吸尘器"罢工",进而避免火灾的发生。同学们,你们学会了吗?

🔥 知识延伸

我们中小学生平时经常会帮助爸爸妈妈做一些力所能及的家务,吸尘器是必不可少的工具,那么你们知道,有哪些东西是吸尘器不能"吃"的吗?

首先,吸尘器不能吸铁钉、大头针、图钉等金属物体以及金属粉末、碎屑等，否则容易发生漏电或者产生火花。

其次，吸尘器不能吸潮湿的物体，还有粉尘等。类似面粉等就不能吸入，否则容易使吸尘器受潮发生短路。

再次，吸尘器不能吸易燃易爆的物品，我们家庭中的大部分吸尘器用的都是不具有防爆功能的普通型电动机，如果吸入易燃易爆物品容易引起爆炸。

最后，吸尘器不能吸入火柴，否则会被引燃。

四 有异味？那是火灾给你的"预警"

故事导读

晚上健健一家人正围坐在一起吃饭，忽然头顶的灯光闪了又闪，一会儿亮一会儿灭，这已经不是第一次出现这种情况了。

"这个灯是不是坏了啊，怎么总是闪？"妈妈问。

爸爸头也没抬，不太在意："估计是有点接触不良，我一会儿吃完饭看看。"

健健却觉得不太对劲，他闻到了一股烧焦的味道："妈妈，你炒什么菜煳了吗？"

"没有，你怎么这么问？"

"我闻到了一股烧焦的味道。"健健皱着眉头。

爸爸赶紧放下碗筷，跑出去把电闸拉了："我还是先检查一下吧。"

说完，爸爸戴上绝缘手套，把灯泡摘了下来，低头一看，灯泡的底座都烧黑了，心里一阵后怕。

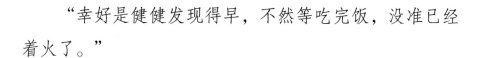

"幸好是健健发现得早，不然等吃完饭，没准已经着火了。"

你知道吗

同学们，你们是不是觉得火灾的发生好像毫无预兆一般，忽然一瞬间就发生了。其实生活中并不是这样的，火灾早在出现之前就已经给过我们很多"预警"了，只不过是被人们忽视了而已。

当你发现家里的电灯忽然一闪一闪的、灯泡经常损坏需要更换，又或者经常出现跳闸的现象，那么就说明你家里的家用电器或者电器线路出现问题了，需要赶快找专业的人员来进行维修。如果忽略不管继续使用，很有可能在未来因为电线短路或者超负荷而发生火灾。

一般在电器火灾发生之前，我们都能闻到一种难闻的、像是胶皮或者塑料被烧焦的气味，这也是火情的前兆，需要格外注意。之所以有这种气味产生，主要是因为电线过热，烧焦了电线的那层绝缘外皮，由此产生塑料烧焦的气味。

同学们，当我们闻到这种气味，首先应该想到的就是电器方面引起的，如果查不到原因，应当在第一时间拉闸停电，然后找专业人员检修线路，避免继续使用发生火灾。逐一排查可能出现的原因，妥善处理之后，才能再次合闸送电。

除了烧焦的气味，有时我们还会闻到一种呛人的烟味，但我们却寻找不到烟味的来源，这其实代表着我们附近正在发生火灾。

住在楼房里的小朋友，如果闻到了这种味道，就要及时查看隔壁或者楼上楼下是否有火灾发生；而住在平房里的小朋友，则要多注意一下前后左右的邻居。

对突然出现的焦味、烟味敏感一些，及时提醒家人和预警，这样我们就能在火灾发生之前，及时地补救，避免出现财物损失和人员伤亡。

知识延伸

同学们，你们知道什么是电气火灾吗？电气火灾一般是指电器线路、电气设备、器具以及供配电设备出现故障，进而释放出极高的热量，引燃本体或者周边其他可燃物而造成的火灾，这其中还包括雷电和静电引起的火灾等。

我们在日常生活中该如何预防呢？

首先，我们要经常提醒家长全面检查家中的电器线路，对于已经老化、失效的要及时更换；在家中使用安全、合格的电器连接线、插线板以及接线板等。

其次，注意接线板的使用功率，不要将多个大功率的电器同时连接在同一个接线板上，否则容易超负荷而引发火灾。

再次，当看到私自乱接电线的行为，我们要勇敢地上前加以制止。

最后，我们一定要做到人走切断电源，不留下任何用电隐患。

五 我只是个阳台，不是仓库

故事导读

美美楼下的邻居经常在阳台上堆放一些杂物，刷房子没用完的油漆、换下来的旧冰箱、没用的纸壳等，俨然把阳台当成一个小型仓库使用了。

这天，美美正在家里写作业，忽然看到一股黑烟从下方飘了上来，浓重的黑烟呛得她止不住地咳嗽。

她走出门，才听妈妈说，楼下起火了。妈妈带着她走出家门，往楼下跑去。

不过幸好在火势还没有蔓延之前，就很快扑灭了。后来经人一打听，原来是楼下的阳台着火了，阳台周边的杂物太多，一下子就都烧起来了。

美美跟着妈妈上楼的时候，还听到消防员叔叔在叮嘱那户人家："千万别往阳台堆放杂物了，万一出现大的火灾，它散发的毒气会瞬间封锁整个房间的，分分钟就会使人丧命。"

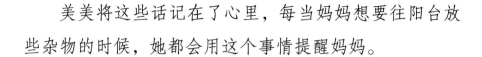

美美将这些话记在了心里，每当妈妈想要往阳台放些杂物的时候，她都会用这个事情提醒妈妈。

你知道吗

虽然现在我们的生活越来越好了，但是仍有很多人们保留着老一辈勤俭节约的习惯，东西即便是用不上了也不愿意丢掉，而是随手把它们堆放在阳台上，日复一日，这些旧东西就占满了阳台。

可是有很多人不知道的是，在阳台堆放过多的杂物和垃圾其实就是在自己家里埋下了一颗失火的"定时炸弹"，而且因为阳台的封闭性和复杂性，只要稍不留意就容易酿成大祸。

平时一些杂物或者日常使用的物品，尤其是像油漆、汽油等易燃易爆的物品千万不要放在阳台上，可以另外选择地方储存。油漆、汽油等的特点是容易燃烧，不容易扑灭，在阳台这种有氧气输入的开放环境下，只要着火，火势会越来越大。

此外，阳台还是火灾时逃生的重要通道。现代家庭几乎每家每户都安装有防盗门、防盗窗等设备，一旦屋内发生火灾，门窗等能够逃生的通道被堵住，无法通过时，阳台就成了火灾发生时短暂的避难场所，我们不但可以通过阳台向外呼救、方便救援，还可以保持空气畅通，使人不至于在短时间内被浓烟熏倒昏迷。

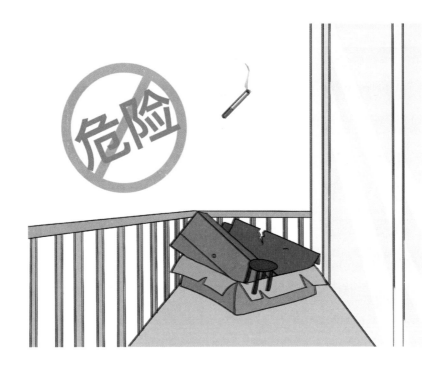

　　因此，我们一定要劝阻爸爸妈妈不要在阳台堆放杂物，保持阳台的干净整洁、通畅，这样才能在紧要关头为我们的生命安全提供一层保障。

知识延伸

　　我们都说阳台虽小却是人们的脱身之所，那么阳台在火灾中的作用还有哪些呢？

1.阳台下方的房屋着火，火势有向上蔓延的趋势，拥有混凝土结构的阳台可以很好地阻挡火势的升腾。

2.阳台上方的房屋着火，下方的人员可以通过阳台，接应上面的受困人员逃离火场，或者帮助他们疏散贵重的物品等。

3.如果是自己的家发生火灾，则可以站在阳台向外呼救报警。

4.火灾中楼梯通道遭遇堵塞，无法通过时，人们可以到阳台，借助长绳、长竿等工具，向没有着火的相邻房间或者楼层逃离。老人和儿童可以在阳台等待救援。

5.阳台可以方便消防员救人，也可帮助消防员迅速进入火灾区域救援。

六 电脑着火了怎么办

故事导读

正在电脑教室上课的松松发现自己的电脑图像一闪一闪的，好像不太对劲，正准备叫老师，却发现电脑的主机居然开始冒烟了。

"老师！我的电脑冒烟了！"松松话音刚落，电脑竟然冒出了一个小火苗。

"所有人，撤离教室！"老师连忙跑过来，让周围的同学离开这里，然后一下子将电源总开关关闭，并将衣服打湿盖在电脑的主机上。

"老师，我这里有水。"边上有同学拿过来一瓶水。

"不能用水，小心导电受伤。"

"老师，灭火器。"机灵的松松跑到楼道拿过灭火器递给老师。

老师接过灭火器，一顿操作将火扑灭了。

你知道吗

在 21 世纪，随着科技的发展，电脑已经走进了千家万户，成为我们的常用电器之一。我们日常的娱乐、生活、学习都离不开它，电脑中有很多珍贵的资料，一旦发生意外，着起火来，这些资料都将会付之一炬。

那么有哪些原因会使电脑起火呢？

当电脑处在一个通风不良的环境，并且周边堆放着很多书本等可燃物时，很可能引起火灾。

除了电脑本身之外，当使用质量低下的劣质电源插座，或者电脑的插头与插座不匹配、接触不良时，也很容易引起火灾。

同学们，知道了这些原因，我们就能够大大减少电脑引起火灾的隐患了。如果真的遇到电脑冒烟或起火，我们又该怎么应对呢？

第一，当电脑开始冒烟或者起火，我们首先要做的就是拔掉电脑插头或者关闭电源的总开关。然后再将毛毯或者棉被用水打湿，迅速盖在电脑上隔绝空气。

这样做的目的是阻止火势的进一步蔓延，另外还可以挡住显示器屏幕的玻璃碎片。

第二，要用灭火器灭火，千万不要用水泼电脑。因

为当电脑受到冷水刺激，温度突然下降，可能会使显像管爆裂，炸伤自己或别人。另外，电脑内可能仍有一部分的剩余电流，泼水很可能会引起触电。

第三，千万不要掀开覆盖物观看火是否灭了。因为显像管随时可能爆炸，为了避免这种伤害，我们应当尽量从侧面或者后面接近电脑。

同学们，我们一定要记住以上几点，保护好自己的人身安全，即使火势不大，也不要逞能，要记得寻求周围大人的帮助。

知识延伸

电脑使用不当引发火灾的事例常有发生，那么我们中小学生应该怎样正确使用电脑呢？

1. 让电脑处于通风良好的环境，这样有助于电脑散热，最好在电脑周围 10~20 厘米内不要堆放任何东西。

2. 尽量购买正规厂家生产的合格产品，并配合使用原装的电源适配器、电线等。对于电源线不要随意进行捆绑，也不要用重物挤压。尽量不要同时使用多个大功率的电器。

3. 不要让电脑长时间持续工作，也不要长时间不关机，适当地让电脑停下，有助于更好地散热，延长电脑的使用寿命。

4. 定期提醒家长清洗电脑内的灰尘，检查电脑的线路是否老化，如果出现老化现象要及时更换。

5. 不使用质量不合格的、假冒伪劣的电源插座，以免接触不良，引发火灾。

七 "加班"的电视机容易"发火"

故事导读

自从老师给炎炎讲解了消防安全知识之后，他就决定回家后对家里的电器一个一个进行检查。

"爸爸，你的充电器没有拔，真是太危险了！"

爸爸闻言不好意思地笑笑："爸爸下次一定改。"

"妈妈，你是不是烧饭的时候又偷偷离开了？上次就把粽子烧成了烤粽子呢！"

妈妈听了之后说："放心吧，那次是失误，现在我肯定寸步不离。"

"不过，儿子，你是不是该把你的电视关一会儿了？长时间开着电视，会使电视发热，也是容易引起火灾的！"

炎炎吐了吐舌头："好吧，我错了，我一定会改掉这个毛病！"

你知道吗

电视机已经成为家庭中最为常见的一种家用电器，在平时生活中，我们经常通过看电视来放松心情、娱乐生活。正常使用电视机是不会引发火灾的，但是如果长时间连续收看电视，被迫"加班"的电视机也是会"发火"的！

常见的电视机使用不当引起火灾的主要原因有三种：

第一，因为电视机所处的环境通风状况不良，再加上长时间地工作，这会使电视机内部的变压器、电子管等零件产生过高的温度，没有办法及时散发出去，进而导致机内温度过高，从而引发起火。

第二，雷雨天气使用电视机时，可能会因为雷击而引发火灾。

第三，电视机的变压器起火。当我们的室内温度较高、长时间收看电视节目时，又或者在看完电视之后没有及时拔下电源插头，这些都会导致电视机内部的热量不能轻易散出，从而导致变压器发热，长时间如此，温度升高就容易引起火灾。

因此，虽然我们可以通过观看电视节目休闲放松，但也请大家尽量不要长时间看电视，适当地让电视机和我们的眼睛都休息一下，这样不仅对你的身体好，对预防火灾也有一定的帮助。

另外，当我们长期不用电视机时，千万记得拔掉插头，记住这些你就是一个成功的节电防火小卫士了。

🔥 知识延伸

了解到电视机因为"加班"而"发火"的原因之后，那我们中小学生怎样做才能保证电视机不再"闹脾气发火"呢？

　　一般我们连续观看电视的时间越长，电视机的温度就会越高，所以在连续开机4~5小时后，就应该关机一段时间。等电视机内部的热量散发出去之后，我们就可以继续观看了。

　　当然这也因季节而异，当气温比较高时，电视机的散热能力会相对差一点，所以连续观看的时间也应该相对短一点，这都需要我们自己把握。

　　除此之外，为了让电视机更好地散热，我们要选择合适的放置位置，保持良好的通风，这样才能延长电视机的使用寿命。

　　在雨季，房间内的湿气比较重，可能会导致电视机内部受潮，所以我们可以隔一段时间就使用几个小时，利用电视机自身内部发散出的热量驱赶潮气。

　　最后，如果长时间不看电视，大家最好切断电源。如果插头一直插在插座上，电器始终处于充电的状态，还是会有电流通过，也是会引起火灾的，所以平时不用的时候一定要记得拔掉插头。

　　当我们做到以上几点，相信家里的电视机就不会轻易"闹脾气发火"了。

第三章 校园消防知识

- 校园中的消防隐患

- 教室着火了怎么办

- 好奇爱玩火，小心"引火烧身"

- 别推我，校园消防逃生小心踩踏

- 毒气来啦，快跑

- 蚊香，请和我保持距离

一 校园中的消防隐患

故事导读

在学校的一次消防安全宣传周，校长请来了附近消防大队的消防员叔叔为同学们讲解消防安全知识。

"学校里面的教学实验仪器很多，相关的动植物标本、中外的文献书籍等更是十分重要的文化资产，一旦发生火灾，损失将会非常严重。并且学校的人口比较密集，很容易造成人员的伤亡，因此大家要格外注意。"

因为涉及自身的安全问题，所以同学们听得格外仔细。

"校园里面有很多潜在的火灾隐患，学校和老师都要加以重视和整改，同学们更是要配合，注重自己的安全……"

伴随着消防员叔叔的讲解，同学们对校园的消防隐患有了更多的了解。

你知道吗

学校是我们学习和生活的主要场所，有大量的未成年人聚集在这里。他们活泼好动、爱表现自己，自我约束能力、自我保护能力和救护能力都比较差。一旦校园中发生火灾，中小学生很有可能出现伤亡情况，因此我们必须加强对消防安全知识的了解。

校园里看似安逸的环境中，其实隐藏着很多消防隐患，需要同学们注意。

首先是教室中的消防隐患。当教室的门不畅通或者仅打开一个门时，如果火灾发生，会阻碍同学们逃离现场，是非常危险的；当使用大功率的照明灯或者电热器靠近易燃物品时、老师违反操作规定使用电子教具时、教室内线路老化或者超负荷运行时、未按照规定摆放易燃物品时，都有可能导致危险的发生。

其次是实验室中的消防隐患。每个学校都建有各种理科实验室，实验室内的一些材料属于易燃易爆物品，这些物品保存不当或者被打破散落、实验过程中违反操作要求、缺少防火措施等都会引起火灾。

再次是礼堂、报告厅、图书馆等公共场所的消防隐患。电线老化、违规使用明火、乱丢烟头、安全通道堵塞等都是火灾的隐患。

最后是校园宿舍内的消防隐患。使用劣质电器、违章使用大功率电器、乱拉电线、在蚊帐内点蜡烛看书、焚烧杂物、将台灯靠近枕头和被褥等行为都有引起火灾的可能性。

因此，同学们一定要注意消防隐患，保护好自身的安全，希望每一位同学都能拥有平安快乐的校园生活。

🔥 知识延伸

同学们，我们如何做才能保护美丽的校园不受火灾的侵袭呢？

1. 清醒认识火灾的危险性，谨慎提防。

2. 严格遵守学校的防火安全规定，对于一切有可能引起火灾的行为坚决杜绝。

3. 清楚校园防火通道以及灭火器的存放位置。

4. 对任何不利于防火的行为，勇敢站出来制止。

5. 善于及时发现可能出现火灾的隐患，提醒老师和学校及时整改。

6. 人人争做校园防火小卫士，协助老师做好防火知识宣传工作，从自身做起，监督身边的每一个人。

二 教室着火了怎么办

故事导读

这天，同学们正在教室中等着老师前来上课。但当教室门打开时，除了老师之外，还有一个橙色的身影。

"消防员叔叔！"同学们惊喜地看着出现在面前的消防员。

"今天老师请消防员叔叔来为大家讲解一些消防安全知识。"

消防员走上前笑着问大家："同学们，生活中我们除了在家之外，大多数的时间都在教室里学习知识，那么大家知道如果教室着火了该怎么办吗？"

"当然要跑了！""告诉老师！""要灭火！"同学们纷纷发表自己的观点。

消防员示意大家安静，然后开始详细地给大家讲解如何应对教室火灾的突发情况。

同学们立刻严肃起来，听得十分认真。

你知道吗

同学们，我们大部分时间都是在学校里度过，准确地说，更多的时间是在教室中学习知识。当我们沉浸在知识的海洋中时，却不知有一些危险可能正在逼近。当我们在教室中使用大功率的照明灯、没有按照安全规定存放易燃物品，或者没有按照操作规程使用电子教具时，都有可能导致教室火灾的发生。

另外，我们的教学楼由于楼层都比较高，结构也比较复杂，再加上教室内课桌、课椅、书本等可燃物比较多，当火灾发生时，逃离是比较困难的。那么当我们面对教室火灾时该怎么办呢？

首先，当发现教室发生火灾后，要保持冷静，判断一下起火的位置和火势大小，大声通知没有发现火灾的同学。如果火势较小，可以让老师使用灭火器和消防栓灭火。这里我们不推荐中小学生参与灭火，因为学生年纪尚小，体力和应变能力远不如成年人，所以发生火灾时，应以保护自身安全为主。如果火势较大，没有能力灭火，要立即选择朝逆风方向逃生，并关闭教室门，减缓烟雾的扩散，阻碍火势的蔓延，呼喊并通知同学一起迅速疏散到安全地带。

　　其次，在逃生过程中，同学们要尽量用水打湿手绢，如果没有手绢也可以用红领巾代替。然后捂住口鼻，采取弯腰低姿方式逃出着火区域。在这个过程中，一定要在老师的指引下有序离开教室，千万不要慌乱，避免逃生过程中因推搡造成其他事故。

　　最后，在逃出教室后要立即配合老师清点人数，确保每位学生的安全，及时拨打119，等待消防员叔叔的救援。

　　我们一定要学会在保护自身生命安全的同时，对火灾的控制起到辅助的作用。

知识延伸

如何预防教室着火呢？

1. 当发现教室中的电器设备发生异常时，要及时提醒老师。

2. 按照规定要求，使用合格的电子教具。

3. 不携带火柴、打火机等火种进入教室，更不要携带汽油、烟花爆竹等易燃易爆物品进入教室。

4. 保持教室内门窗畅通无阻，尽量不要在教室门口逗留、玩耍、打闹。

5. 在离开教室时，同学们要随手关掉教室的电器及照明开关等。

6. 消防器材是在火灾中保护大家的重要工具，因此，要爱护学校内的消防器材，比如走廊上的灭火器、疏散指示灯等，确保其完好。

三 好奇爱玩火，小心"引火烧身"

故事导读

"哇，火的颜色真好看啊。"轩轩正在和小伙伴一起看视频，视频中红红的火焰闪烁着光芒，让他们兴奋不已。

"我喜欢火柴燃烧时的味道。"小伙伴们叽叽喳喳地讨论着。

"要不然，咱们明天放学之后去烧学校后面的落叶吧！"突然有一个小伙伴提议道。

"好啊，好啊。"

轩轩觉得有点不太好，但是拗不过小伙伴，只好答应和他们一起去。

第二天放学后，几个小伙伴结伴来到学校后面，找了一堆落叶，划了一根火柴，轻轻一松手，火焰迅速点燃了落叶，越烧越旺。

一阵风吹过，火势又大了几分，轩轩心里很是不安，连忙劝阻："差不多了，赶紧灭了吧。"

可谁知，一瓶水下去，根本没把火熄灭。

"这可怎么办啊？"几个人急得快哭了。

幸好保安大叔看到火光赶快去拿了灭火器，才最终扑灭了火。心有余悸的大叔狠狠地批评了他们，而轩轩他们也认识到了自己的错误。

你知道吗

在很多孩子眼中，火就像是一个充满诱惑的玩具，火的颜色让人觉得神奇，火的形状让人觉得千变万化，火的气味让人沉迷。殊不知这些美丽的背后隐藏着火深深的恶意。在近几年的未成年人火灾遇难案件中，由中小学生玩火引发的火灾多达 2.7 万起，直接导致了近 300 人死亡，这是多么可怕的数字啊。

中小学生的自我防护意识差，自救的能力比较弱，一旦因为玩火导致火灾，经常会因为惊吓而四处躲藏，不但不会去灭火，还有可能无法迅速逃生，酿成悲剧。

我们再来总结一下中小学生玩火的两个特点：一是多为男孩子玩火，年龄以 6~7 岁的男孩子居多；二是玩火具有季节性的特点，在夏秋两个季节玩火的现象比较多，寒暑假更是玩火的高峰期。

危险行为

　　危险的玩火方式有：模仿大人的动作，点烟或者做烧饭的游戏；用火柴或者打火机点燃枯草树叶取乐；背着大人吸烟或者玩打火机、火柴等。小朋友们千万别去尝试啊！

　　面对因玩火导致火灾的事情，我们中小学生一定要引以为戒，千万不要把打火机、火柴当玩具，多看一些防火的宣传视频，或者看一些有关火灾的新闻或者图片，尽快戒掉爱玩火的习惯，加强自身的防火意识。

 **知识延伸**

在这个喜欢玩火的年纪，我们如何矫正这个坏习惯呢？

第一，清楚地认识到打火机、火柴、蜡烛等助燃物与玩具的区别，自觉远离可燃物。

第二，在需要使用家中电器、燃气灶具等时，一定要让大人陪同，在他们的监护下安全使用。

第三，了解更多关于火的知识。

第四，观看火灾宣传视频，查找因为玩火引发火灾的新闻或者图片，和小伙伴们一起讨论玩火的危害。

第五，同学之间相互监督、相互提醒。当发现有同学玩火应当立即制止，并报告老师和家长，对其进行批评教育。

四 别推我，校园消防逃生小心踩踏

故事导读

"西侧教学楼发生火灾事件，请各班级老师组织学生有序逃生。"广播突然响起，随之而来的是浓浓的刺鼻黑烟。

老师赶忙按照平时消防演练的路线，组织同学们撤离逃生。萍萍也将手绢弄湿，跟着同学们有序跑了出去。

可是就在下楼的时候，后面的同学太过着急，一不小心将她的鞋子踩掉了。

萍萍只好蹲下来，准备提鞋子，但是后面越来越多的同学跑出来，差点将她推倒。幸好被后面赶来的老师一把拉住了。

"都什么时候了，还顾得上你的鞋？"

火灾结束，老师狠狠地教育了她："关键时刻，不要弯腰捡鞋子，人那么多，万一把你碰倒，就会发生很严重的踩踏事故。"

意识到自己的错误，萍萍低下了头："我知道了。对不起，老师。"

你知道吗

同学们，学校是我们每天学习、生活的地方，我们一天中大部分时间都在学校里度过，校园内消防隐患很多，稍不注意就有可能引发严重的火灾。作为未成年人的我们，自我保护能力比较弱，遇到火灾时很容易慌乱，甚至会一窝蜂地乱跑，这种情况就很容易发生踩踏事故，威胁我们的生命安全。

那么在校园消防逃生中我们该如何预防踩踏事件呢？

第一，在人多的时候不拥挤、不起哄、不制造紧张气氛，尽量避免被挤到拥挤的人群中，最好走在人流的边缘。

第二，在发现拥挤的人群向自己这个方向走来时，立即躲避到一旁，不要慌乱奔跑，避免摔倒。顺着人流的方向走，不要逆着人流方向，否则很容易被人流推倒。

第三，如果进入拥挤的人流中，一定要先稳住身体，千万不要弯腰捡鞋子或者系鞋带。在人群中走动时，尤其是遇到台阶或者楼梯，要抓牢扶手，防止摔倒。

第四，当发现前面有人摔倒了，要马上停下脚步，同时大声呼救并告知身后的人。

第五，听从老师的安排，一切按照平时的逃生演练路线和顺序，整齐有序撤离逃生，不要相互推搡。

这些做法不仅是为了我们个人的安全，更是为了大家的安全着想，大火无情，所以我们一定要提高安全意识，学会保护自己，避免发生更大的悲剧。

知识延伸

当在消防逃生的过程中遇到慌乱拥挤的场面，我们该如何自救呢？

首先，如果人流量很大，但是移动的速度不快，那么我们可以左手握拳，右手握住左手手腕，双肘与两肩平行，置于胸前。这样做，手肘部分不仅能够保护自己不被挤压，还能给心肺留出呼吸空间。

其次，如果已经陷入了拥挤的人群之中，那么我们就要继续保持双肘在胸前，维持牢固稳定的三角保护区姿势。同时，要弯腰降低重心，以低姿态前进，防止摔倒。

再次，如果局面很混乱，我们已经被人推倒在地，这时我们要尽量想办法靠近墙壁，或者移动到人流移动方向的侧面，然后将双手紧扣在脖子后面，借此保护我们身体最脆弱的部位。同时面向墙壁，身体尽量蜷缩成球状。

最后，如果没办法靠近墙壁，那么在倒地时，一定要将身体摆成弓形，然后继续用手臂保护头部、胸腔等重要器官。

五 毒气来啦，快跑

故事导读

同学们正在上课，突然班主任推开门打断了课程："刚接到消息，学校周边的一个化学实验室发生了有毒气体泄漏，请同学们立刻收拾东西，打湿手绢或者红领巾，捂住口鼻，立即撤离。"

同学们慌乱地收拾好东西，做好准备，按照老师的安排，依次有序地离开。

小小在离开的过程中，闻到了刺鼻的气味，心里害怕极了。

"毒气来了，快跑！"同学中有一个人小声喊了一句。

"别说话，赶快撤离。"老师批评了他一句，连忙护送着他们离开了学校。

你知道吗

化学实验是化学教学的重要手段之一，随着社会发展和经济的进步，化学实验进入了一个新阶段，实验室的规模和人员比之前都有所扩大，然而随之而来的是对消防安全的巨大考验。化学实验室内的易燃易爆物品、有毒的化学药品非常多，电、气、水的开关也和一般的家庭安装不一样，稍不注意就很容易发生火灾等消防事故。

一旦化学实验室发生火灾，不仅在人员疏散上非常困难，想要灭火也不是一件轻易能完成的事情，更有可能的是在损失巨大的财产之后，还会造成环境污染。由此可见，化学实验室的消防安全问题是非常重要的。

近几年来，常有化学品泄漏的报道，尤其是学校内的实验室发生泄漏，更是会直接威胁师生们的生命安全。面对来势汹汹的化学污染，我们应该如何做呢？

首先，如果化学品泄漏时，正处在现场或者实验室周边，那么应当迅速打开门窗通风，切断所有电源，熄灭所有点火源，以免发生爆炸。同时尽快协助老师通知学校消防以及安全应急小组进行扑救，必要时拨打 119 报警。

其次，如果不在现场或实验室周边，接到通知后，应立即按照老师的指示，安全有序撤离化学品泄漏所在的区域。用湿毛巾或者湿手绢捂住口鼻，弯腰低姿态移动，不要相互推搡，也尽量不要随意开口说话，避免吸入有毒气体。

我们要不断提高自己的消防安全意识，充分了解消防安全和灭火知识，在学校组织应急疏散演练时认真参加，绝不糊弄了事，这样才能在真正遇到危险时第一时间做出反应，保护自身的安全。

知识延伸

当化学品泄漏造成了人员受伤，但是医护人员暂时还未赶到，我们该怎样对受到化学品伤害的人进行急救呢？

第一，当化学品污染皮肤时，应当立即脱掉伤员受污染的衣物，用流动的清水进行冲洗；如果是头部或者面部受到灼伤，那么在清洗时一定要注意保护好伤员的眼睛、耳朵、鼻子和口腔。

第二，如果是眼睛受到污染，那么需要立即提起伤员的眼睑，用大量的流动清水彻底冲洗，时间至少15分钟。

第三，如果是烧伤，应迅速脱掉伤员的衣物，用水冲洗降温，然后用干净的布轻覆伤口，避免伤口感染，不要轻易弄破水疱。伤员口渴时可喝适量的水或者含盐的饮料。

蚊香，请和我保持距离

故事导读

盛夏的午后总是闷热的，空气中隐隐传来了蚊子飞舞的声音，贝贝为了能安心午睡，特意在学校的宿舍里点了一盘蚊香，随着一缕细细的青烟飘起，蚊子连忙飞走了。

一阵清风吹过，将书桌上的一张纸吹落在蚊香的不远处。

寂静的房间里，传来一阵细小的声音，满是惊恐："喂，蚊香，请和我保持距离！"原来是纸张说话了。

蚊香悠悠地开口："谁想和你挨这么近了，还不是你自己跑下来的。"

"我这不是身不由己嘛，咱俩要是碰上，不但我没命，整个屋子的东西都要烧着了！"

纸张默默祈祷下一阵风来，能将它吹得离蚊香更远一点就好了。

房门发出响声，原来是起床上厕所的室友回来了，她迷迷糊糊地随手将掉落的纸张捡起来重新放回了桌上压住，转身回到了床上。

室内恢复宁静，蚊香和纸张都松了一口气。

你知道吗

同学们，在烈日炎炎的夏天，很多家庭都选择点蚊香来驱蚊。蚊香主要由粘木粉、木炭粉和药物组成，一盘被点燃的蚊香，它的中心温度可以高达 700~800℃，和一支香烟燃烧的温度差不多，足以将一些火点很低的类似蚊帐、海绵、衣服、纸张、棉布等可燃物点燃，引发严重的火灾。因此，我们在选择点蚊香驱蚊时一定要注意以下几点。

第一，蚊香在点燃之后要放在金属支架上或金属盘内。点燃的蚊香要放在不易被人碰到或被风吹倒的地方，并避免蚊香因为燃烧失去平衡或者发生断裂之后，掉落到地毯等可燃物上。

第二，蚊香点燃后放置的位置要远近合适，不要过于靠近床单、蚊帐、衣服、书本等，最好和家具、书桌、床铺等保持一段距离，防止床上的床单或者衣物等不小心掉落到蚊香上。

第三，如果室内有摇头的电风扇，要小心蚊香的火星被风吹散，落到其他可燃物上，引起火灾。

第四，睡觉时，尽量灭掉蚊香。蚊香有微毒，大量吸入对人体有害。另外，如果在睡梦中发生火灾，很有可能不能及时发现，逃生的概率会大大减小。

第五，外出时，一定要灭掉蚊香，最好用冷水将蚊香头打湿，以免留下火灾隐患。

第六，如果室内有易燃的液体或者气体存在，最好不要点燃蚊香。

同学们，我们一定要牢记以上几点，当发现有人不正确使用蚊香时，要提醒他注意防范，千万不要等到酿成大祸才追悔莫及。

🔥 知识延伸

大家一定好奇，蚊香到底有没有毒，对人体有害吗？今天就给大家揭秘一下。

现在市面上大多数蚊香的主要成分都是菊酯类杀虫剂，这是在国家允许范围内的"低毒高效杀虫剂"，它的毒性比较弱，属于微毒。蚊香中含有的有毒物质量非常少，降解率又很高，所以只要是正规厂家生产的蚊香，并且合理使用的话，对人身危害可以说是微乎其微。

蚊香最好不要长时间持续点燃，在点完蚊香之后要记得开窗通风。另外，有时蚊香燃烧产生的烟雾可能会导致过敏反应，诱发哮喘的发作。因此，有支气管哮喘等慢性呼吸系统疾病的同学一定要格外注意，谨慎使用。

在封闭的房间内点蚊香时，注意不要过量，否则很有可能引起头晕、恶心、头痛、视力模糊、呼吸困难等中毒症状。

第四章 公共场所消防知识

- 消防标志知多少
- 烟花虽美，大火无情
- 烟头引发的火灾
- 公共场所的消防器材

一 消防标志知多少

故事导读

一天，妈妈和娇娇正在逛街，娇娇好奇地看着一个门口上的标志："妈妈，这个奔跑的小人是在做什么啊？是让我们快点跑的意思吗？"

妈妈闻声，顺着她的手指方向看过去，顿时笑了："你说对了一点点，这个标志是紧急疏散逃生的标志，代表着这边是安全出口，当我们遇到危险时，就可以根据这个提示通往安全的场所了。"

"哇，好神奇啊！但是它为什么是绿色的呢？为什么不是别的颜色呢？"

"那是因为绿色是传递安全信息的颜色之一，除此之外还有红、蓝、黄三种颜色呢。你要多多留意这些消防安全标志，关键的时候能帮上大忙的。"

娇娇若有所思地点点头："妈妈，我知道了，我一定好好学。"

你知道吗

同学们，你们坐公交车、看电影、逛商场时有没有留意到一些消防安全标志呢？很多地方都有消防安全标志，只要稍加留意，就能发现它们。

我国的消防安全标志是由安全色、边框和图像为主要特征的图形符号或者文字构成的标志，通常用来向人们传递与消防相关的安全信息。常见的消防安全标志有三种形状，分别是正方形、等边三角形和带斜杠的圆形，标志上的安全色通常为红、蓝、黄、绿四种颜色，为了使安全色更加醒目，人们在这个基础上添加了黑、白两种反衬色。

消防安全标志有很多，下面介绍几种常见的标志。

第一，火警报警装置标志，多为红色底色，白色图案。例如，消防按钮标志，它由三部分组成：一个白色按钮、几个火苗和一只手，标示的是火灾报警按钮和消防设备启动按钮的位置。

第二，紧急疏散逃生标志。例如，安全出口标志，图案为一个向门奔跑的小人，这是提示人们当发生突发事件时可以通往安全场所的疏散出口。

第三，灭火设备标志。例如，手提式灭火器，图案为一个灭火器和几个火苗，这是用来提示手提式灭火器所在位置的标志。

第四，禁止和警告标志。例如，禁止烟火的标志，图案为一根点燃的火柴，然后在这上面有一个带斜杠的红色圆圈，代表禁止吸烟或者各种形式的明火。

禁止烟火标志

灭火设备标志

第五，方向辅助标志。例如，疏散方向的图案为一个绿色的箭头，箭头的方向可以分为上、下、左上、右上、右等，箭头的方向代表着安全出口的方向，也代表着疏散时人群应去往的方向。

第六，文字辅助标志。例如，安全出口标志的图案上有文字标识，用文字提示人们安全出口的信息。

除了单一地使用之外，这些消防安全标志还可以组合使用，这样传达的信息会更加明确。

我们在学习消防安全标志时一定要认真，只有真正认识和了解了这些安全标志的意思，才能在发生危险时及时撤离，保护自身的安全。

知识延伸

同学们，你们知道消防安全标志一般都会设置在哪些地方吗？

在商场、电影院、娱乐厅、体育馆、医院、饭店、酒店和候车室大厅等人员密集的公共场所的紧急出口、疏散通道处、楼梯间，大型公共建筑常用的光电感应自动门或者旋转门旁边的可推拉的疏散门等处，都必须设置相应的"紧急出口"标志。在距离紧急出口较远的地方，应当将"紧急出口"和"疏散通道方向"的标志组合到一起设置，箭头方向一定要指向紧急出口的方向。

紧急出口或者疏散通道中的单向门需要在门上设置"推开"标志，并在反面设置"拉开"标志。

在疏散通道或者消防车道的醒目处设置"禁止阻塞"的标志。

　　在需要打碎玻璃板才能拿到钥匙或者开门工具的地方，必须设置"击碎面板"的标志。

　　在各个场所中，隐蔽式消防设备存放的地点应相应设置"灭火设备""灭火器"和"消防水带"等标志。

烟花虽美，大火无情

故事导读

过年的时候，嘟嘟和爸爸妈妈回老家过年。除夕吃过年夜饭之后，嘟嘟就拉着堂哥一起出门，准备放烟花。

堂哥将烟花点燃，绚烂多彩的烟花从筒中争相喷射出来，形成一片灿烂的"星河"。

"哇，真是太漂亮了！"嘟嘟看着堂哥放，自己也有点手痒，于是偷偷拿了一个小的烟花，拿出火柴点燃。

随着烟花的引子越来越短，嘟嘟有些害怕，慌忙将烟花扔到了一旁的地上。

可谁知，意外突生，倒在地上的烟花喷射出的火花一下子点燃了扔在路边的破棉被，火一下子就着起来了。

嘟嘟被吓得哭了起来。好在堂哥反应迅速，拉着他跑回了家，叫上大人们带着灭火器将火扑灭了。

事后，爸爸狠狠地批评了嘟嘟，嘟嘟哭丧着脸认错："爸爸，我再也不乱放烟花了。"

你知道吗

放烟花作为我国传统节日习俗的一部分，在全球范围内都有着非常深远的影响和传播，受到人们的欢迎和喜爱。但是放烟花存在很多安全隐患，很多地方已经严令禁止燃放烟花了。禁止燃放烟花爆竹的原因有以下几点。

一是会造成大气污染。燃放烟花爆竹会产生大量的二氧化硫、二氧化氮等有毒有害气体，这些气体会污染大气环境，危害人们的身体健康。

二是会造成噪声污染。燃放鞭炮的声音最高可以达到135分贝，远远超过了人的听力承受范围，会造成严重的噪声污染，而且这种噪声对于一些小孩、老人，特别是对患有心脑血管疾病的人来说，有很大的影响，危害十分严重。

三是容易引起火灾或者让人受伤。如果没有正确规范地燃放烟花爆竹，四溅的火花极容易点燃周围的易燃物，引发火灾。而且未成年人燃放烟花爆竹，还容易炸伤自己或者他人。

四是浪费资源、污染环境，给环卫工人增加劳动量。烟花爆竹的制作原料是树木和化工原料，不仅浪费了资

不放烟花爆竹

源，还使得环境变得恶劣。烟花爆竹燃放后产生的大量炮屑垃圾会给环卫工人的工作带来很多麻烦。

因此，我们要遵守所在地区的规定，尽可能减少燃放或不燃放烟花爆竹。

知识延伸

春节期间，为了热热闹闹过年，有的地方并没有明令禁止燃放烟花爆竹，因此同学们就纷纷想要"大展身手"，但是烟花虽美，大火无情，同学们一定要按照下面的要求去做，以保证自身的安全。

85

1. 要选择正规厂家生产、正规渠道购买的烟花爆竹，不燃放非法生产或者违禁品种的烟花爆竹。未成年人不要独自燃放烟花爆竹，要有大人陪同。

2. 在燃放烟花爆竹之前一定要仔细阅读产品的说明书以及燃放注意事项，燃放的过程中要和烟花爆竹保持一定的安全距离。

3. 不要将头伸向烟花爆竹的正上方，或者在点燃后去查看熄灭的烟花爆竹，以免被炸伤。对于未点燃的烟花爆竹不要进行二次点燃，应当采取水浇的方式处理。

4. 不要利用烟花爆竹借机闹事、打架，不要用烟花爆竹恐吓取笑别人。

5. 燃放烟花爆竹不当容易引发火灾，因此燃放烟花爆竹的地点要尽量选择空旷的地方，燃放时要注意观察四周是否存在可燃物，不要将烟花爆竹对准居民楼以及堆放可燃物的场所。悬挂有禁止燃放烟花爆竹标志的地方不可以燃放烟花爆竹。

三 烟头引发的火灾

故事导读

小玉放学回家，路过一个垃圾桶时，正好看见一个大爷将刚抽完的烟头扔进了垃圾桶。

烟头还没完全熄灭，正巧落在垃圾桶里的一张废弃纸巾上。纸巾一下子就被点燃了，一小撮火苗嗖地蹿了起来，把周边的行人吓了一大跳。

正当大家不知所措的时候，小玉掏出了自己的水杯，一下子全部倒进去，浇灭了火苗。

"小姑娘，好样的！"

在人们的赞美声中，小玉害羞地笑了。

你知道吗

同学们，你们知道吗？我国是世界上烟草生产和消费最大的国家，平均吸烟率在 37% 以上，统计显示，虽然世界上总体吸烟人数正在下降，但是我国的吸烟人数却在增加。近年来，我国由于吸烟引起的火灾，占总体火灾数量的 10% 左右，不但财物损失严重，而且威胁到了很多人的生命安全。

一般来说，燃烧的烟头表面温度在 200~300℃，中心的温度甚至可达到 700~800℃。因此，对于我们身边常见的棉布、纸屑、干草、树叶、皮革等可燃物而言，一颗小小的烟头是足以引燃的。

根据统计，吸烟引起火灾的主要原因有随意丢弃烟头、烟头没有完全熄灭就丢弃、躺在床上吸烟、随手将未熄灭的烟头放到可燃物上等，这些不规范的行为都有可能导致火灾的发生。

为了避免由于吸烟导致的火灾，在一些公共场所，如幼儿园、学校、少年宫等以未成年人为主要活动人群的场所，对社会开放的文物保护单位，体育场、健身场的比赛区和观众座席，妇幼保健机构和儿童医院等地方，都设置了严禁吸烟的标志。

我们一定要遵守严禁吸烟的规定，自觉远离香烟、不吸烟，保护自己和他人的身体健康。当身边有违反规定吸烟的人和可能导致火灾的行为，要及时劝阻，共同保护我们的家园。

 知识延伸

吸烟不仅对我们的身体健康有很大损害，而且还有可能引发严重的火灾。那么我们应该如何做呢？

首先，我们要做到不吸烟。

其次，我们要努力劝阻家长不吸烟，尤其是不要在房间内边干活边吸烟，因为火星掉落在可燃物上会瞬间引起火灾。有些家长在酒后或者过度疲劳之后，躺在床上或者沙发上吸烟，同学们一定要劝阻。因为在这个时候，人很容易昏昏欲睡或者已经入睡而不自知，手中的烟头一旦掉落在床单、衣服、沙发等易燃物上，就很容易因察觉不到而引起火灾。

再次，当家长将香烟点燃，却暂时不吸时，应提醒家长将其放到烟灰缸里，而不是到处乱放，避免因烟蒂掉落引起火灾。住在高层楼房的人，千万不能随手将烟头从窗口扔出去，防止起火。

最后，烟头要完全熄灭之后再扔到垃圾桶内，避免零星火花点燃垃圾桶内其他易燃物品。

四 公共场所的消防器材

故事导读

欢欢和爸爸妈妈去商场购物，在等待爸爸妈妈结账时，她忽然看见一个和她年龄差不多大的男孩正在玩打火机，她皱皱眉，刚想去制止，就看见男孩将打火机打着了。

但是似乎是怕烧到手，男孩一下子就将还燃烧着的打火机扔到了垃圾桶里。红色的火焰瞬间点燃了垃圾桶内的垃圾，黑色的烟从里面冒了出来。

男孩被吓坏了，连忙跑开。

"爸爸，快来啊，着火啦！"欢欢赶紧去叫爸爸。

爸爸赶忙跑过来，这时已经有保安注意到这里了，也跑了过来。

忽然欢欢指着一旁的灭火器："爸爸，快看，那里有灭火器。"

爸爸没有犹豫，抄起灭火器就冲了过去，终于和保安一起将火熄灭了。

事后，欢欢问爸爸："为什么商场里会有灭火器？"

爸爸笑着回答："这是公共场所必备的消防器材，为的就是能够第一时间灭火。"

你知道吗

消防安全是公共场所最需要满足的基本条件。同学们，在公共场所，只要你用心观察，一定能发现随处可见的消防器材。公共场所中最常见的消防器材有灭火器、消防栓、安全出口指示牌、烟感器、自动喷淋设备、应急照明灯、防火卷帘门等。

灭火器是所有公共场所必备的消防器材，一般有三类，分别是干粉灭火器、泡沫灭火器和二氧化碳灭火器。干粉灭火器适用于扑救各种易燃、可燃液体和易燃、可燃气体引发的火灾，以及电气设备火灾，大多数公共场所配备的都是此类灭火器。

消防栓一般是和水带、水枪配合使用的。虽然是固定式的消防设施，但是在控制可燃物、隔绝助燃物、消除着火源等方面可是一把好手，是火灾扑救的重要消防设施。它可以通过接入自来水对建筑设施进行灭火，防止火灾的蔓延。

安全出口指示牌是紧急疏散的指示标志之一，可以帮助人们在事故发生的第一时间辨清逃离方向，让人们及时撤离危险区域，减少或者避免人员的意外伤亡。

烟感器又称烟雾探测器。火灾发生时会产生大量烟雾，当空气中烟雾浓度达到一定阈值，烟感器会自动发出报警信号，提醒人们灭火和疏散撤离。

自动喷淋设备可以在火灾发生的第一时间进行灭火，避免火势扩大。

应急照明灯一般与安全出口指示牌搭配使用，方便人们在发生意外断电时进行照明，辅助撤离逃生。

利用以上介绍的公共场所消防器材，人们可以第一时间对火灾进行扑救，也能尽快撤离危险区域，对人们的生命安全有一定的保护作用。我们在日常生活中一定要自觉保护公共场所的消防设施，多多仔细观察，细心留意这些消防器材的所在位置，这样才能在突发事故的第一时间做出反应。

知识延伸

公共场所大多人员密集，一旦发生火灾就会造成非常严重的后果，不但会损失财物、使人受伤，而且施救也比较困难。那么，在进入公共场所之后，我们应当做些什么呢？

首先，要掌握一定的自救逃生知识。对于平时的逃生演习要认真对待，积极参与，多学习一些逃生知识，这样当遇到火灾时心中才不会慌乱。

其次，进入公共场所之后，要有意识地了解内部地形情况，熟悉通道的走向，做到心中有数。细心留意消防器材所在位置，方便自救。不要只顾玩乐，否则当火灾真的发生时，将会慌不择路。

　　最后，沉着冷静，遇事不惊。当遇到火灾等突发性事件时，人们常常慌乱不已、不知所措，正是因为如此才会使得一些悲剧发生。因此，保持冷静、快速辨别安全出口方向非常重要。

第五章 消防报警和灭火知识

- 火警叔叔，我家着火了
- 消失吧，火苗
- 火灾初起的灭火基本原则
- 不同物质着火的扑救方法
- 这些火遇水更"嚣张"
- 灭火器的使用

一 火警叔叔，我家着火了

故事导读

今天，学校举行了"消防安全知识周"活动，君君所在的班级正在讲解如何拨打火警电话。

老师叫君君上台，让他讲讲，假如家中失火应该如何报警。

"喂，是火警叔叔吗？我家里着火了，你们快点来吧！"

"君君，你没有告诉火警叔叔你的家庭住址，他们怎么知道在哪里呢？"老师说完，大家哈哈笑了。

老师告诉同学们："在拨通火警电话之后，一定要记得将家里的详细地址告诉火警叔叔，这样火警叔叔才能以最快的速度赶过来灭火，同学们，知道了吗？"

"知道啦！"

你知道吗

同学们，我们都知道遇到火灾第一时间要报警，那么你们知道我国的消防报警电话号码吗？没错，就是119。这个号码在全国的任何一个地区都是一样的，只要拨打这个电话，就会自动连接到离你最近的公安消防部门，因此，这个号码同学们一定要牢牢记住。

当我们遇到火灾时，应当第一时间拨打119报警。如果家中没有电话，就应当大声呼喊或者采取其他方式吸引邻居或者行人的注意，让他们协助灭火或者进行电话报警。

电话接通后，要跟接线员说清楚火灾发生的具体地点，最好能精准到详细的街道、胡同、门牌号等，这样可以让消防员叔叔准确地知道起火地点，迅速到达。另外，还可以描述一下是什么物品着火了，火势怎么样，并留下联系电话。如果我们太过紧张，忘记要怎么说，可以等待接线员提问，要尽量说清楚，不要在没说清楚的情况下就把电话挂断。

除此之外，我们还需要注意的是：千万不要随意拨打火警电话，假报火警是扰乱社会公共秩序的违法行为。如果我们随意拨打火警电话，很有可能导致别人需要报警求救时却打不进电话，造成很严重的后果。

🔥 **知识延伸**

大家知道有哪些情况可以拨打 119 吗?

在遭遇火灾，危险化学品泄漏，道路交通事故，建筑坍塌，地震，重大安全生产事故，空难，爆炸，恐怖袭击事件，群众遇险事件，水旱、气象、地质灾害，森林、草原火灾等自然灾害，矿山、水中事故，重大环境污染、核辐射事故和突发公共卫生事件时，都可以拨打消防报警电话119。

另外，119出警是不收取任何费用的，国家的综合性消防救援队、专职消防队扑救火灾、应急救援等都不收取任何费用。

二 消失吧，火苗

故事导读

"嘛哩嘛哩哄，消失吧，小火苗！"强强对着电脑屏幕，双手合十，闭着眼睛念念有词。

姐姐好笑地看着他的表情，抬手敲了敲他的小脑袋："你在干什么呢？"

强强不满地睁开眼："别打断我，我这是在念咒语灭火呢。"

"哈哈哈，念咒语灭火？你以为灭火是变魔术吗？"姐姐被逗乐了。

强强说得很认真："那不然怎么办？我看视频里那个魔法师，手一挥就把火灭了。"

"那是电视剧，现实生活中消防员叔叔灭火可不是这样的。一般灭火的方法有四种……"

经过姐姐的讲述，强强明白了很多："原来灭火的方法是这样的啊！"

你知道吗

同学们，我们常在动画片或者电影、电视剧中看到魔法师大手一挥，就能释放出魔法将火焰全部熄灭，是不是很羡慕，希望自己也能拥有这样的超能力呢？其实这只是影视剧里夸张的描写，现实生活中不可能做到。生活中真正发生火灾时，灭火的方法有很多，人们通过多次的灭火实践总结出了四种有效灭火的基本方法。下面我们就了解一下。

第一，隔离法。就是要想办法将着火的地方或者物体与其他可燃物隔离或移开来，这样火就会因为没有了可燃物而熄灭。在遇到火灾时运用这个方法，可以将靠近火源的可燃、易燃、助燃物全部移走，关闭电源、可燃气体控制阀门等，防止或者减少可燃物质进入燃烧区域，避免火灾扩大。

第二，窒息法。就是阻止空气进入燃烧区域或用不燃物质冲淡空气，从而使燃烧物没有足够的氧气进行燃烧，最终熄灭。在火灾发生时可以使用窒息法，利用沙土、水泥、湿麻袋、湿棉被等不燃烧或者难以燃烧的物质覆盖在燃烧物上，扑灭火焰。

第三，冷却法。就是将灭火剂直接喷射到燃烧物上，

以降低燃烧物的温度，当燃烧物的温度降到燃点以下时，火自然就熄灭了。或者将灭火剂喷洒在火源附近的物质上，使其不因火焰热辐射作用而形成新的火点，防止火势扩大。一般可使用水或者二氧化碳作灭火剂来降低温度。

第四，抑制法。就是使用含氟、溴的化学灭火器喷射火焰，达到灭火的目的。

同学们，我们在遇到火灾时，可以根据实际情况，采取一种或者多种方法迅速灭火。不过一定要量力而行，不要逞能，一定要保护好自己！

知识延伸

面对来势汹汹的火灾，我们作为中小学生到底应不应该参与灭火呢？

为了保护青少年的合法权益和生命安全，国家明令禁止学校、机关和其他社会团体组织中小学生参加扑灭火灾的行动。

我们正处在成长发育的重要阶段，体力和思维能力上都较成年人有所差距，缺乏自我保护的能力，遇到紧急情况时，极易发生伤亡事故。同时，参与灭火还会增加消防工作的难度。因此，在发生突发事件时，我们最应该做的就是要尽快离开事故现场，脱离危险。

三 火灾初起的灭火基本原则

故事导读

晚上，妈妈正在给丝丝讲故事读本，今天讲的是小雪人救火的故事。

"小雪人为了救人，义无反顾地冲进了火海之中，虽然最后孩子们都获救了，但是小雪人却被火海吞没了。孩子们伤心极了，他们永远地记住了那个勇敢的小雪人……"

听着妈妈的讲述，丝丝心情也有点低落："小雪人好勇敢啊，但是火灾也好讨厌啊！"

"所以我们平时一定要注意防火，在火灾初起时，我们就要警觉，及时扑灭，避免火势蔓延，酿成大祸。"

"嗯嗯，那么妈妈，火灾初起时要怎么做呢？"

"你呀，最重要的是要先保护好自己，然后……"

你知道吗

同学们，也许你经常在电视新闻上看到火灾，但是现实生活中却从来没有遇到过，但事实上火灾离我们的日常生活并不远，我们随时都有可能遇到火灾。

火灾初起的阶段，一般燃烧的面积都不太大，烟气流动的速度较慢，火焰的辐射能量不大，周围的物品和建筑结构温度上升不快，这些特点都非常利于我们灭火。在这个阶段，灭火有几项基本原则需要大家牢记。

第一，发现火情，要保持沉着冷静。当我们发现起火了，要保持冷静，理智地分析火情，如果初期燃烧的面积不大，可以考虑自行灭火；如果火势较大，应当第一时间撤离，寻求外界帮助。

第二，面对小火，争分夺秒扑灭。当火灾刚发生时，火势较小，应当争分夺秒，将小火控制住或者扑灭，千万不能自乱阵脚，放弃扑救，致使小火变大火。

第三，及时报警，大声呼救。"早报警，损失少"，在发生火灾之后要及时报警。大声呼喊通知其他人，这样既可以提醒别人及时采取措施，还能寻求他人帮助，将火尽快扑灭。如果不方便呼救，也可以通过敲打锅碗瓢盆等，引起他人的注意。

第四，老人小孩，逃生第一。老人和小孩的体力、思维都远不如年轻的成年人，自我保护能力相对薄弱，因此，遇到火情，老人和小孩要第一时间撤离。

同学们，面对火灾，我们一定要争取在火灾的初期就将火苗扑灭。

🔥 知识延伸

同学们，我们已经知道要在火灾的初期，趁着火势还小的时候就将其灭掉，但是你知道有什么初期灭火的小技巧吗？

1.灭火时要背对出口。在灭火时，要尽量背对着逃

生出口，这样一旦灭火失败，还可以从逃生出口迅速撤离火场。

2.使用灭火器时要尽量对准火源。我们使用灭火器灭火时，要尽量对准火源，千万不要被上升的火焰和烟气迷惑，喷射的过程中可以将喷嘴对准火焰的根部左右摆动，由远及近，直到火焰全部被扑灭为止。

3.顺风灭火更安全。在灭火的过程中，我们要尽量站在上风口，顺着风灭火，这样可以避免因为逆风导致火焰烧到自身。

4.灭火后浇水。在火焰扑灭之后，我们要及时浇水，把火源全部浇湿，杜绝其死灰复燃的可能。

四　不同物质着火的扑救方法

故事导读

周末，雯雯去图书馆看书，正看得入迷，突然闻到一股烧焦的味道。她抬头一看，就在离她不远处有一个小朋友正在偷偷玩火，引燃了书架上的图书。

"我这里有水杯！"雯雯也想上去帮忙，拿着水杯跑了过来。结果，还没靠近就被人拦住了："你不能用这个！"是一个小男孩。

雯雯有些生气："我这是去帮忙，不是去捣乱。"眼看着火越来越大，幸好管理员拿来了灭火器，将火焰扑灭了。

周围的人渐渐散去，只有雯雯还在和男孩子争辩。

管理员走过来，笑着帮男孩子解释："因为图书馆里面全是书，要是用水灭火的话，那么书也就全部毁了，还很容易波及周围完好的书，所以才采用二氧化碳灭火器灭火。"

"原来是这样啊，对不起，我错怪你了。"雯雯不好意思地道歉。

你知道吗

同学们，火灾作为一种常见的突发事件，对我们的生命安全和财产安全都有着严重威胁，如果能在火灾发生的第一时间对症下药，将火扑灭，那么我们就可以避免很多不必要的损失。

不同的物质着火，有着不同的扑救方法。在大多数情况下，明火都是可以用水扑灭的。水是所有灭火剂中最便宜也是应用最为广泛的。水可以大量吸收物质燃烧产生的热量，从而降低燃烧物的温度，最终使燃烧停止。除此之外，对于粉尘火灾而言，雾状的水流还可以稀释火场空气中的粉尘浓度，有效扑灭粉尘火灾。

除了水之外，还有其他灭火方式。要知道，有些物质燃烧时是不能用水灭火的，比如家里的油锅、家电等引起的火灾。这时候我们便需要采取一些其他灭火方式来消灭火情了。

灭火器是灭火的最佳装备，如图书着火、车辆着火，我们便可以用灭火器来灭火。灭火器的工作原理是让火源与空气隔绝，让火无法持续燃烧下去。

　　对于电器着火可以采用沙土灭火的方式。对于家中油锅着火，我们则可以用大的锅盖盖住油锅。原理也是让火与空气分离，进而无法持续燃烧。而且我们还应该知道，油是比水轻的，如果用水来给油锅灭火，结果就是油水飞溅，不但无法灭火，还容易烫伤我们。

　　同学们，当我们遇到火灾时，第一件要做的事情便是冷静。根据燃烧物质的不同采取不同的扑救方法，这样就能依靠自身的力量，先将火灾控制在一定范围或者直接消灭掉。

🔥 知识延伸

俗话说"对症才能下好药"，虽然我们知道了不同的物质燃烧要用不同的方法灭火，但是具体到了生活中还是可能会手忙脚乱的。因此，下面列举了几种生活中常见的物质燃烧火灾以及应对方法，同学们应多加了解学习。

当家具和床上的被子着火时，我们就可以用脸盆装满水，直接泼向着火物。如果家里一时间找不到可以装水的东西，可以拿被褥或者衣服等，用凉水浸湿之后盖在着火的物品上。

当家里的燃气罐着火时，用湿的衣服或者被褥盖在上面，既能灭火还能防止燃气泄漏，同时迅速关闭阀门，防止因着火引起爆炸。

如果是油锅里的油温过高引起着火，应先迅速关闭气源开关，然后将锅盖盖上，等氧气耗尽，火就自然灭了。

图书馆内着火，应尽量使用二氧化碳灭火器灭火。如果用水，会加重图书的损坏。

家电遇水则可能因漏电使人触电，因此，家电着火时可以使用沙土等覆盖灭火。

如果是蜡烛或者酒精着火，不要用嘴去吹，用玻璃杯或者陶瓷杯盖住就可以灭掉了。

五 这些火遇水更"嚣张"

故事导读

"圆圆，妈妈今天做你最喜欢吃的菜，好不好啊？"厨房里，妈妈一边准备食材一边问。

"太好了，妈妈，我都快馋死了。"

妈妈将油倒入锅中，但没想到锅内的温度太高，油直接从锅里涨起了一大团火焰，吓得圆圆尖叫起来。

"妈妈，我去接水。"圆圆很快反应过来，拿着盆接了水。

妈妈面对这种情况倒是很淡定："不要用水。"说着将气源一关，把锅盖盖在锅上。

神奇的事情发生了，那么大的火焰，居然在这个盖子下面慢慢熄灭了。

"哇，好神奇啊！妈妈，你是怎么做到的？"

"这是因为锅里面的氧气消耗完了，火自然就灭了。"

"原来是这样啊。"圆圆点点头。

你知道吗

有些火灾不仅用水不能扑灭，用了水之后，它们的气焰可能会更"嚣张"。这些不怕水的火灾有哪些呢？

第一类，电器。当身边的电器发生火灾时，我们首先要做的是及时切断电源，然后采用二氧化碳灭火器、1211灭火器、干粉灭火器或者干沙土进行扑救。在扑救时，注意要与电气设备和电线保持两米以上的距离。当我们无法切断电源时，千万不要用水或者泡沫进行扑救，否则可能会因为导电而发生触电事故。

第二类，油锅。当油锅因为油温过高起火时，千万不要用水浇，当水遇到热油，就会变成"炸

锅"，油火四溅。正确的处理方法是，用锅盖盖在起火的油锅上，使燃烧的油火无法接触到空气中的氧气而熄灭。或者将切好的冷菜沿着锅边倒进锅内，这样火就能自动熄灭了。

第三类，燃料油、油漆等。这类燃烧物要用泡沫、干粉或者 1211 灭火器、干沙土进行扑救。

第四类，危险化学品。实验室中常用的一些危险化学物品，如硫酸、硝酸、盐酸，碱金属钾、钠、锂和一些易燃金属铝粉、镁粉等，这些化学品遇到水之后会发生化学反应或者燃烧，因此，我们千万不能尝试用水扑救。

第五类，图书档案、精密仪器。这类物品遇火后容易损坏，如果用水扑救，损失会更严重。

同学们，我们一定要记牢这些不能用水进行灭火的物品，这样才能避免在火灾发生之后，因使用错误的扑救方法，使得火势进一步扩大或者造成二次伤害的可能。

知识延伸

面对这些无法用水扑灭的火灾时，我们应该怎么做？

　　首先，我们要立即报警，在保护自身安全的前提下，尽可能远离事故现场，不要逞强参与救火。

　　其次，保持冷静，回想学习过的消防安全灭火知识，采取正确的应对方法灭火；为家长提供正确的灭火思路；当发现家长有不正确的灭火行为时及时制止。

　　再次，在灭火时，不要贸然打开门窗，免得空气产生对流，造成火势扩大和蔓延。

　　最后，当火灾扑灭后，不要第一时间靠近，要观察一段时间，确认火焰无法再次燃烧且不会发生爆炸之后再靠近，避免受伤。

六　灭火器的使用

故事导读

小区里正在举办消防知识讲座，嘉嘉跟着爸爸一起去参加。

小区里请来了附近消防大队的消防员叔叔为大家科普消防安全知识，由他们来告诉大家遇到火灾时如何灭火、逃生，以及如何使用灭火器等。

嘉嘉听得可认真了，当看到消防员叔叔需要人上台做配合时，他第一时间就举手了。

消防员叔叔看他这么积极，就将他邀请上台，一起做演示。嘉嘉按照消防员叔叔的指示一步一步地完成，最后真的喷射出了干粉。

"爸爸，我是不是很厉害！"嘉嘉骄傲地问爸爸。

"厉害！你可要牢牢记住消防员叔叔教的，以后可能会用到的。"

"嗯嗯，我知道啦。"

你知道吗

同学们，灭火器可不止一种，针对不同类型的火灾要用不同的灭火器，不同灭火器的使用方法也不同。我们生活中常见的灭火器有泡沫灭火器、干粉灭火器、二氧化碳灭火器和推车式干粉灭火器。

泡沫灭火器主要适用于扑救各种油类的火灾，以及木材、纤维、橡胶等固体可燃物的火灾。干粉灭火器适用于扑救各种易燃、可燃的液体和易燃、可燃的气体引起的火灾，也适用于电气设备的火灾。二氧化碳灭火器适用于扑救各种易燃、可燃的液体和可燃气体火灾，还可以对仪器仪表、图书档案、低压电气设备等的初起火灾进行扑救。推车式干粉灭火器适用于扑救易燃液体、可燃气体和电气设备的初起火灾，方便易懂，操作简单。

我们学校里常配备的灭火器就是 ABC 类干粉灭火器。下面给大家简单讲解一下干粉灭火器的用法：首先，要用右手拖着压把，左手托住灭火器底部，轻轻拿出灭火器。

其次，到达火灾现场之后，要除掉铅封，拔掉保险销，用左手握着喷管，右手提着压把。

最后，在使用时，要站在距离火焰两米左右的地方，用右手使劲压下压把，左手拿着喷管左右摇摆，使得喷射出的干粉覆盖到整个燃烧区域。

同学们一定要学会如何使用灭火器，这样才能在火灾发生时，保持冷静，保护我们的人身安全。

知识延伸

同学们，灭火器作为一种常见的消防器材，如果被错误地使用，也会带来危害！

1.灭火器有一定的使用期限，要在规定期限内用完，否则就会因器内压力释放，无法正常使用。

2.干粉灭火器后推力很大，使用时要抓紧，避免因强大的后推力导致灭火人摔倒。

3.二氧化碳灭火器内部主要是液态二氧化碳。液态二氧化碳喷出后会吸收周边热量，变成干冰，从而达到冷却的效果，因此在使用时禁止用手抓金属连接管，避免冻伤。

4.在进行液体灭火时，如果对着液体火源位置喷射，容易使液体和火星四溅，伤及救火人员。

第六章 消防事故现场逃生知识

- 消防演练

- 常见的火灾逃生误区

- 身上着火了怎么办

- 被火灾困在房间内的自救

- 浓烟威胁生命？湿毛巾来帮你

- 高层楼房遭遇火灾，不要盲目跳楼

- 危险当前，不要乘坐电梯

一 消防演练

故事导读

正当同学们专心致志地上课时，突然，校园里响起了刺耳的警报声。同学们一头雾水，广播中传来声音："各位师生请注意，校园内发生火情，请大家听从指挥，迅速撤离到安全地带。"

同学们有一瞬间的慌乱，但很快在老师的安抚下，拿出水倒在红领巾上，捂住口鼻，猫着腰，依次有序跑出教室。

当同学们都跑到操场站好时，校长用洪亮的嗓音宣布："本次消防演习非常成功，共用时2分45秒。"

原来这只是一次消防演练，同学们松了一口气。

通过这次消防演练，大家体会到了学习消防知识的重要性。

你知道吗

　　同学们，消防安全是校园安全的重要组成部分。当火灾或者其他消防突发事故来临时，如果没有经过消防安全演练，我们可能会自乱阵脚，在慌乱中互相推搡，不仅无法保障我们自身的安全，还有可能导致其他事故的出现。因此，行之有效的消防演练是非常必要的。

　　有效的消防演练可以帮助我们在突发事件来临时及时应对，降低安全事故发生的概率，减少人员伤亡，保证我们自身的生命安全。在消防演练的过程中，我们可以更加深入地了解消防逃生常识，树立消防意识，掌握消防安全知识，不仅能够熟悉紧急逃生路线，还可以增强自身的安全防范意识，提高对突发事件的紧急应变能力，学会使用相应的防护器材和设施，学会自救自护。

　　生活中，我们常发现一些同学在消防演练过程中嬉笑打闹、敷衍了事，但大家要知道，消防演练关乎我们的生命安全，面对消防事故时稍有差池就会发生不幸，所以大家一定要端正态度，认真听从老师和学校的安排，认真对待每一次消防演练。这样当真正的突发事件来临时，我们才不至于手忙脚乱，才能够在最短时间内安全撤离。

🔥 知识延伸

消防演练注意事项：

1. 听到广播或者现场火警铃响时，同学们要尽量保持头脑清醒，不慌乱，认真听从老师和学校的安排。

2. 用水将手绢、毛巾或者红领巾打湿，捂住口鼻，弯腰低姿态行走，通过消防通道有序地迅速撤离，不拥挤，不推搡。

3. 撤离途中如果遇到火点，要尽量绕开走，听从指挥，不要逗留。

4. 到达广场后，找到自己的同学、老师，并配合老师清点人数，如果发现问题，及时和指挥人员联系。

常见的火灾逃生误区

故事导读

云云在看完消防安全视频之后，就趴在地上爬来爬去，把刚开门进来的哥哥吓了一跳："云云，你这是在干什么？东西掉了？"

云云坐起身来说："我这是在练习火灾逃生呢！"

"火灾逃生？"哥哥简直不敢相信自己的耳朵，"你这算哪门子的逃生啊？"

云云："视频里说了，遇到火灾时，要匍匐爬行逃生。"

"烟气不大时不用匍匐前行啊，这样很容易发生踩踏事故的。"哥哥给他解释道。

"原来是这样啊，我还以为必须爬行呢！"云云摸摸自己的小脑袋，明白是自己理解错了。

你知道吗

同学们，火灾是我们不希望看到的事情，毕竟一旦发生火灾，就会造成很严重的人员伤亡和财产损失。有效的逃生可以减轻损失，但是在人们的认知中，对于火灾逃生还存在一些误区，需要我们格外注意。

误区一：湿毛巾是万能的。火灾中遇到浓重的烟雾，同学们都知道要用湿毛巾捂住口鼻，但其实湿毛巾只能过滤掉烟气中的炭粉等颗粒，对于空气中的一氧化碳等有毒气体却是无效的，因此用湿毛巾保护呼吸系统是有一定局限性的。

误区二：匍匐前进最安全。很多同学是不是都有云云同样的疑惑呢？其实在烟气不大时，并不需要匍匐逃生，而且如果逃生的人很多，后面的人很有可能踩到匍匐的人，造成踩踏事故。

误区三：卫生间是最好的避难所。卫生间的空间狭小，如果没有窗户，在火灾中很容易让人因为缺氧而昏

迷或者死亡。就算卫生间有窗户，但因其空间狭小，如果火灾持续时间较长，救援的人很难发现被困人员。

　　误区四：原路脱险。在火灾发生时，人们会习惯性地冲向常用的出口和楼梯，致使出现堵塞，失去最佳逃生机会。

　　误区五：向光逃生。在危急情况下，人们会下意识向明亮、有光的地方逃生，但是在电气设备引起的火灾中，有光亮的地方反而更危险。

　　误区六：盲目跟随。在火灾中，人们心里慌乱，当发现有人在前面奔跑，就会下意识跟随，失去判断力，有可能遭受更严重的伤害。

　　误区七：跳楼逃生。起火时，人们出于求生本能，会想往室外跑，甚至为了逃生出现跳楼行为。

同学们，一定不要被上述几种逃生误区误导。学习正确的逃生方法才能有效地保护自己！

知识延伸

面对这些逃生误区，我们应该采取哪些应对方法呢？

1. 住高层的同学，可以在家中备好防烟面罩，防止因火灾释放出的一氧化碳等有毒烟雾对人体造成伤害。

2. 在逃生过程中采取弯腰低姿态行走逃生即可。

3. 到达一个新环境，尽快熟悉逃生路线，观察报警器、消防设施和疏散出口位置。

4. 利用消防演习的机会，做一些针对性训练。在火灾中无法顺利逃生时，应该尽量选择相对安全的、开阔的、容易让人看到的地方避难，等待消防员救援，不可选择跳楼逃生的做法。

三　身上着火了怎么办

故事导读

小风正跟着爷爷看新闻，突然画面上出现了一条火灾新闻。一辆起火的小轿车停在了路边，从车上跑下来了一个衣服被烧着的"火人"。

"天啊，这也太可怕了！"小风忍不住惊呼。

那人边跑边呼救，可是身上的火苗却越来越大。

这个画面看得小风心有余悸："爷爷，这个人身上的火为什么会烧得越来越大啊？"

"因为他在奔跑，奔跑的时候会形成一股风，会使火烧得越来越旺。"

"那遇到这种情况该怎么办呢？"

爷爷摸摸他的头，说："遇到这种情况，卧倒在地上打滚，赶快将身上的火苗压灭就行了。"

小风点点头。

你知道吗

同学们，我们在日常生活中遇到火灾，有时候逃跑不及时，很有可能被大火缠住，致使身上着火，那么这个时候我们应该如何进行自救呢？

第一，头和脸是人身体最脆弱的地方，尤其是在火灾中，当你站立或者坐着时，火会由下往上烧，这样危害就会很大。这时我们应该立刻用双手捂住脸部，尽快熄灭脸部的火焰，然后跪下，身体向前平躺，将身前的火压灭。最后通过左右打滚来熄灭背后的火。

第二，当我们身上着火，如果穿了好几件衣服时，我们应当迅速将着火的外衣脱下，然后将其浸泡到水中，或者用脚踩灭火焰，又或者利用灭火器灭火。

第三，在野外发生身上着火的情况，如果恰好附近有河、池塘、小溪等，我们可以迅速跳进去灭火。但是如果自身的烧伤面积太大或者程度太深就不要跳进水中了，避免水中的细菌感染伤口。

同学们，当我们不幸身上着火了，一定要避免高声呼喊求救，尤其是当头部和面部着火时，更是要小心引起呼吸道烧伤。要知道，呼吸道烧伤可是导致烧伤者死亡的原因之一。因此，当我们身上着火时，要做的第一件事就是就地翻身打滚，尽可能地熄灭火苗，千万不能奔跑。

🔥 知识延伸

生命是宝贵的，假如遇到火灾，我们最应当做的是逃生和自救。有时候在火灾中造成人员伤亡的并不是火灾本身，而是我们自救或他救时的错误应对，导致了伤亡的出现。那么在火灾中，如果发现他人身上着火了，我们又应该如何扑救呢？

1. 帮助着火的人脱掉被点燃的衣服

我们可以尝试帮助着火的人尽快脱掉着火的衣物，因为大多数的衣服都是可燃物，并且一些类似化纤等材质的衣服燃烧起来会使得火势变得更加猛烈。

2. 泼水

我们可以用泼水的方法将火熄灭。

3. 用衣服拍打火焰

我们可以用衣服用力拍打火焰来灭火。如果火焰较小，我们可以用衣服将受害人的身体裹住，隔绝火焰和空气接触的可能，进而达到灭火的目的。

4. 使用灭火器

如果附近有灭火器，且火势很小，还没有在受害人身上造成伤口，则可以使用灭火器灭火。但是需要注意的是，不能用灭火器直接朝着火的人身上喷射，避免灭火器中的药剂导致其伤口感染或窒息。

四　被火灾困在房间内的自救

故事导读

在学校的消防安全晚会上，榕榕和班上的同学一同演了一出话剧。

话剧进行到一半时，榕榕饰演的角色被大火困在了房间之中。"我该怎么办才能等到我的王子来救我呢？"榕榕将毛毯和毛巾全部打湿，然后压低身子，躲在角落里。同时用湿毛巾捂住了口鼻。

这时传来了王子的声音："公主，你在哪里？我来救你了！"

榕榕饰演的公主，拿出一个盆用力地敲击着。

王子顺着声音，带人找到了公主，最终将火扑灭了。

他们生动形象地向同学们展示了被火灾困在房间内时该如何自救、等待救援，受到了老师和同学们的夸奖。

你知道吗

同学们，在突发火灾时，由于火势凶猛，门窗被封住，燃烧产生的浓烟很容易让人迷失方向，此时我们想要向外界呼救十分困难，不但外面的人听不到，而且我们还很可能因为大声呼救，导致自己吸入很多烟尘而窒息或者陷入昏迷。那么我们被火灾困在房间时该如何进行自救呢？

首先，要保持冷静。尽可能卧倒在地面上进行呼吸和移动。因为火势会顺着气流向上升，在比较低的地方，呼救的声音可以通过燃烧过或者未燃烧的空隙向外传播，并且可以避开火势最凶猛的地方和大量的浓烟。

其次，一旦被困在房间内，要尽量选择临街、有窗户的房间躲避，这样更有利于观察火情，也可以通过呼喊、打手势等方式和救援人员取得联系，最大限度地使救援迅速进行。

再次，当我们被困在室内，可以趁火势较小时，采用灭火器、自来水等灭火工具在第一时间进行扑救，并通过呼喊向周围人求助。应尽可能地将火源周围的可燃物移开，避免火灾进一步扩大。

最后，一定不要随意打开门窗通风，防止火势借风扩大，燃烧更剧烈。同时浓烟和热气，以及有毒气体的进入，很容易让人窒息死亡。

我们被困在室内，一定不要坐以待毙，如果可以自救，一定要尽可能利用正确的方法进行自救，逃离火场。当然，如果发现无法自救，我们也要找一个相对安全的地方等待救援，一切都以自身安全为主。

知识延伸

同学们，如果在家中被火灾困在了室内，无法逃离火场，那么我们该选择哪里躲避火灾才更安全呢？

最好找到一个没有可燃物、空间较小的地方，这个地方必须有能够让人通行的窗户或者其他通道，并且最好有水源存在。

我们可以关好房门，然后用水把门淋湿，用湿毛巾捂住口鼻，并用湿衣服等将缝隙堵住，防止烟雾进入，借此拖延火势，等待消防人员的救援。等到消防人员来时，尽量不要大声呼喊，而是通过敲击物品发出声响，引起消防人员注意。

另一个可以躲避火灾的地方就是阳台。我们可以在阳台进行求救，并在阳台上躲避，等待救援。因此我们在日常生活中，不要在阳台上放置太多的易燃物品，不然一旦发生火灾，这些易燃物品也会成为火灾蔓延的媒介，造成更大的伤害。

五　浓烟威胁生命？湿毛巾来帮你

故事导读

"同学们，在火灾中有很多危险因素，燃烧产生的浓烟就是其中的一项，浓烟致死的事故并不少，因此在火灾中我们一定要小心。"讲台上，老师正在给同学们讲述消防安全的常识。

"老师，我们遇到浓烟该怎么办啊？"

"快点跑呗。"

"跑的过程中不是会吸更多烟雾吗！"

同学们叽叽喳喳地讨论着。

老师抬手示意大家安静，然后解释道："遇到浓烟，我们首先要压低自己的身体，尽量弯腰前行，并且使用湿毛巾捂住口鼻……"

老师细致地讲解着，同学们听得十分认真。

你知道吗

同学们，火灾常常与浓浓的烟气结伴出现。浓烟含有大量的有毒气体，一旦大量吸入很容易致命。实验证明，在火灾发生时，浓烟的蔓延速度极为惊人，垂直方向上的蔓延速度甚至可以达到每秒钟 3~4 米。人的水平奔跑速度为每秒钟 4~6 米，人多拥挤时达到每秒钟 2 米以上，而人上楼梯的速度大约只有每秒钟 2~3 米，与烟气向上蔓延的速度相似。

由此我们不难想象浓烟的可怕之处。

除此之外，浓烟会降低能见度，使人看不清方向，无法找到疏散通道，不能迅速逃离火场，从而增加中毒和伤亡的可能性。而且在火灾发生的瞬间，火焰和浓烟冲出门窗上的空洞，会给人心理上带来恐怖的压力，使得人们惊慌失措，因此造成疏散过程中的人员堵塞，大大增加了逃生的难度。

所以，当浓烟笼罩时，我们可以先通过接触防盗门的方式来判断外界的温度，如果发现防盗门的温度较高，就应当立即关闭门窗，防止浓烟进入。在遇到浓烟威胁生命时，一定要尽量保持冷静，用湿毛巾等物品捂住自己的口鼻，然后创造条件向外界求救，等待救援。千万

不要着急向外冲，也不要大声呼喊，避免吸入过多烟气。

知识延伸

火灾中浓烟的危害想必大家都已经清楚了，那么我们面对这种情况该如何处理呢？

当烟雾较浓时，我们不要惊慌，尽量弯腰低姿势前行，必要时可以匍匐前进。这样做的原因是，靠近地面往往会有一些残留的新鲜空气，贴近地面，不容易被烟熏到。同时，呼吸时不要大口呼吸，要小而浅地呼吸。

除此之外，还要用湿毛巾捂住口鼻，也可以利用房间内的花瓶、水壶、鱼缸内的水打湿衣服、布料等捂住口鼻。这样做是为了防止废气进入人体，而且湿毛巾内的水分中含有氧气，能够暂时供人体所需。湿毛巾的折叠层数要尽量多一些，这样可以遮挡住大部分的烟雾，使用时，一定要捂住口和鼻，不要单单捂住嘴，或者单单捂住鼻子。

如果想要和大人一起在火中冲出来逃生，可以选择用水将棉被、毯子之类的物品打湿，然后披在身上，一定要注意的是，千万不要披塑料雨衣。

六　高层楼房遭遇火灾，不要盲目跳楼

故事导读

　　珍珍在家里托着下巴看着窗外发呆，爸爸走过来敲了一下她的小脑袋："想什么呢，这么专注？"

　　"爸爸，我刚刚看了一个视频，有一个高楼起火了，有一个人被困在上面下不来，最后他跳楼了，没能抢救过来，唉……"珍珍看起来有点惋惜。

　　爸爸揉揉她的头发，安慰道："是有些可惜，如果在阳台等待救援，或许结局就不一样了。"

　　"爸爸，我们也是住的高层，如果发生火灾，我一定不会跳楼的！"

　　爸爸点头："嗯嗯，我们可以躲到阳台去，然后想办法逃生。"

　　"阳台？该怎么做啊？"

　　"我们可以这样利用床单……"

　　爸爸详细地给珍珍讲解着高层楼房逃生的安全知识。

你知道吗

同学们，你们知道吗？火灾被称为"无牙的老虎"，不但会让人充满恐惧，还会让人在其中迷失方向，丧失正确的判断力。在这种恐惧之中，人们很有可能做出一些过激的防卫自救行为，其中最常见的也最为极端的就是跳楼逃生的行为了。

事实上，当高层建筑出现火灾，尤其是在初期的阶段，有很多逃生方式。当火灾刚发生，火势还不大，可以选择用灭火器等消防设施在第一时间灭火，并赶快拨打119报警。如果没办法报警，我们还可以采取大声呼救或者敲击物品发出声响等方式，引起楼下人员的注意，借此发出求救信号。

当我们被困在较低的楼层时，可以选择利用房间内的床单、被子或者窗帘等，将其撕成布条连接成绳子，用水打湿，系在窗户或者阳台能够固定承重的物体上，然后顺着绳子慢慢滑下。此外，我们还可以利用门窗、阳台、排水管等往下爬。如果被困在较高的楼层，我们要想办法转移到较低的楼层，然后再寻找逃离火场的办法。

同学们，当我们遇到高层火灾，一定要保持冷静，

积极寻找逃生出路，保护好自身的安全。如果无法逃生，也要尽量选择相对安全、宽阔的地方躲避，一定不能盲目跳楼。

🔥 知识延伸

在高层建筑发生火灾时，我们经常能够从新闻上看到很多受困人员选择跳楼逃生，有的侥幸逃生，有的摔成残疾，有的甚至付出了生命。因此，在火场中跳楼逃生并不是一个好的选择，不到万不得已，最好不要选择跳楼。但是如果眼看着火就要烧到眼前了，这时候我们身处的楼层又不太高，在 4 层以下，并且消防员已经在下方准备好了救生气垫，在这种前提下，我们可以尝试一下跳楼。下面给大家介绍一些跳楼逃生的技巧：

1. 当消防员将救生气垫放置妥当，尽量往救生气垫的中间跳。因为如果跳到边缘处，很容易被弹到地面上，造成摔伤。

2. 如果消防员还没到场，可以选择朝有软雨棚、草地等的地方跳，尽可能在楼下无人员通行时扔一些棉被或沙发垫等松软的物品，避免受伤。

3. 打开雨伞，可以减缓下降的冲击力，如果是徒手跳楼，一定要扒住阳台，身体尽可能自然垂直，降低垂直距离，落地之前要用双手抱住头部，将身体缩成一团，减少对头部或其他身体部位的伤害，保证自身安全。

最后请同学们谨记，即便没有任何退路，但只要生命还没有受到威胁，就一定要冷静地等待消防员的救援。

七 危险当前，不要乘坐电梯

故事导读

"快醒醒，小雨，家里着火了！"

小雨被吓得立刻清醒，只感觉到屋里布满了黑烟。妈妈把湿毛巾给他，让他捂住口鼻。

爸爸拉着他，一家人弯着腰往楼梯口跑去。

路过电梯时，小雨拉住爸爸："爸爸，我们坐电梯下去吧，这样还能快一点。"

妈妈拦住他："发生火灾了，不能坐电梯。"

"为什么？"小雨很是疑惑。但是情况紧急，谁也没时间给他解释。

三个人一路小跑着从楼梯下来，总算是脱离了火灾区域……

小雨平静下来，又想起了那个问题。这次妈妈给他做了解答："因为在火灾发生时，并不能确定是否会引起电线短路，我们很有可能被困在电梯里，如果有浓烟进入电梯，我们的安全就更难以保证了。"

"原来是这样啊！"小雨恍然大悟。

你知道吗

同学们，当我们遇到一场突如其来的消防事故，很难保持冷静，人们的第一反应都是要以最快的速度离开事故现场，尤其是身处高层建筑时，人们为了逃生更是争分夺秒。为了节省下楼的时间、快速撤离，人们都会想要搭乘电梯逃生。但是，同学们，在消防事故发生时是不能乘坐电梯的。

首先，电梯井不具备防烟的功能，而且一旦电梯被浓烟笼罩，电梯井就会变成死胡同，形成烟囱效应，使电梯变成助推烟火的垂直通道，人员随时可能会因为浓烟毒气而窒息死亡。

其次，在火灾发生时，大楼内的电气线路很有可能被烧断，容易发生二次火灾。除此之外，一般发生火灾时，日常的用电会中断，改为启用消防备用电，此时电梯会停止工作，这样很容易将乘坐电梯逃生的人员困在电梯内。

最后，大多数的电梯都不具备防高温的性能，当遭遇火灾的高温，电梯轿厢很有可能出现失控、甚至变形，卡在半空中。

同学们可能会想，如果发生火灾时我们正在电梯里，那不是就直接被关起来了？其实不然，正常情况下，电梯不会自动停靠，一直下降到首层然后打开门。或者也有可能会就近停靠，并打开门，然后停止运行。这一点同学们不用担心。

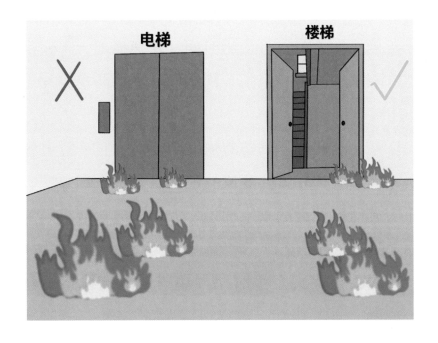

当我们遇到突发的消防事故，一定要选择走疏散专用通道或者逃生专用楼梯等比较安全的逃生通道，不要为了节省一点时间而选择乘坐电梯下楼逃生。

知识延伸

同学们仔细观察的话会发现，除了正常乘坐的电梯之外，还有一种消防电梯。消防电梯，一听名字就知道是和消防相关的。那么在火灾发生时，我们是否可以乘坐消防电梯逃生呢？

答案是否定的。消防电梯是在建筑物发生火灾时专门提供给消防人员进行灭火和救援用的一种功能性电梯，大多采用消防备用电源，经过阻燃耐火的处理，可以方便消防人员携带装备从楼内上升到着火的楼层。消防电梯的存在大大节省了火灾初期消防扑救的时间，减少了体力消耗，提高了成功救人、减少伤亡的概率。

当然，消防电梯也不是完全安全的，只是有着独立于其他电梯的供电系统和管道，如果我们在火灾发生时抢占了消防电梯，反而会延误消防员灭火救援工作的进行。